大数据开发工程师系列

Java Web 开发实战

主 编 肖 睿 高海波 徐 申
副主编 禹 波 黄 诠 田 军 陶 李

中国水利水电出版社
www.waterpub.com.cn
·北京·

内 容 提 要

在互联网高速发展的时代，基于 B/S 架构的 Web 应用程序越来越多。这些应用的实现都不可避免地用到了如下技术：Web 前端技术、JSP 技术和 Servlet 技术。本书就紧紧围绕这三个技术对 Web 开发内容展开详细讲解，内容不仅涵盖前端开发必需的 HTML5 及 CSS3 技术、JavaScript、jQuery、Ajax 等知识，也包含 JSP 技术的基本语法、使用 JSP 实现对 Web 请求的获取与响应、通过 JSP 实现与数据库的访问交互和基于 Servlet 的业务控制等知识，从而让大家循序渐进地学会如何开发属于自己的 Web 应用程序。

为保证最优学习效果，本书紧密结合实际应用，利用大量案例说明和实践，提炼含金量十足的开发经验，最后还提供了和实际开发接近的项目案例。本书使用前端 +JSP+Servlet 技术实现 Web 应用程序，并配以完善的学习资源和支持服务，包括视频教程、案例素材下载、学习交流社区、讨论组等终身学习内容，为开发者带来全方位的学习体验，更多技术支持请访问课工场官网：www.kgc.cn。

图书在版编目（ＣＩＰ）数据

Java Web开发实战 / 肖睿，高海波，徐申主编. --
北京 ：中国水利水电出版社，2017.7（2017.12 重印）
（大数据开发工程师系列）
ISBN 978-7-5170-5662-1

Ⅰ．①J… Ⅱ．①肖… ②高… ③徐… Ⅲ．①JAVA语
言—程序设计 Ⅳ．①TP312.8

中国版本图书馆CIP数据核字(2017)第177601号

策划编辑：祝智敏　　　责任编辑：李 炎　　　封面设计：梁 燕

书 名	大数据开发工程师系列 Java Web开发实战 Java Web KAIFA SHIZHAN
作 者	主 编 肖 睿 高海波 徐 申 副主编 禹 波 黄 诠 田 军 陶 李
出版发行	中国水利水电出版社 （北京市海淀区玉渊潭南路 1 号 D 座 100038） 网 址：www.waterpub.com.cn E-mail：mchannel@263.net（万水） 　　　 sales@waterpub.com.cn 电 话：（010）68367658（营销中心）、82562819（万水）
经 售	全国各地新华书店和相关出版物销售网点
排 版	北京万水电子信息有限公司
印 刷	三河航远印刷有限公司
规 格	184mm×260mm　16 开本　19 印张　408 千字
版 次	2017 年 7 月第 1 版　2017 年 12 月第 2 次印刷
印 数	3001—6000 册
定 价	58.00 元

丛书编委会

主　任：肖　睿

副主任：张德平

委　员：杨　欢　　　相洪波　　　谢伟民　　　潘贞玉

　　　　庞国广　　　董泰森

课工场：祁春鹏　　　祁　龙　　　滕传雨　　　尚永祯

　　　　刁志星　　　张雪妮　　　吴宇迪　　　吉志星

　　　　胡杨柳依　　苏胜利　　　李晓川　　　黄　斌

　　　　刁景涛　　　宗　娜　　　陈　璇　　　王博君

　　　　彭长州　　　李超阳　　　孙　敏　　　张　智

　　　　董文治　　　霍荣慧　　　刘景元　　　曹紫涵

　　　　张蒙蒙　　　赵梓彤　　　罗淦坤　　　殷慧通

前　　言

丛书设计：

准备好了吗？进入大数据时代！大数据已经并将继续影响人类的方方面面。2015年 8 月 31 日，经李克强总理批准，国务院正式下发《关于印发促进大数据发展行动纲要的通知》，这是从国家层面正式宣告大数据时代的到来！企业资本则以 BAT 互联网公司为首，不断进行大数据创新，从而实现大数据的商业价值。本丛书根据企业人才实际需求，参考历史学习难度曲线，选取"Java ＋ 大数据"技术集作为学习路径，旨在为读者提供一站式实战型大数据开发学习指导，帮助读者踏上由开发入门到大数据实战的互联网 ＋ 大数据开发之旅！

丛书特点：

1．以企业需求为设计导向

满足企业对人才的技能需求是本丛书的核心设计原则，为此课工场大数据开发教研团队，通过对数百位 BAT 一线技术专家进行访谈、对上千家企业人力资源情况进行调研、对上万个企业招聘岗位进行需求分析，从而实现技术的准确定位，达到课程与企业需求的高契合度。

2．以任务驱动为讲解方式

丛书中的技能点和知识点都由任务驱动，读者在学习知识时不仅可以知其然，而且可以知其所以然，帮助读者融会贯通、举一反三。

3．以实战项目来提升技术

本丛书均设置项目实战环节，该环节综合运用书中的知识点，帮助读者提升项目开发能力。每个实战项目都设有相应的项目思路指导、重难点讲解、实现步骤总结和知识点梳理。

4．以互联网 ＋ 实现终身学习

本丛书可通过使用课工场 APP 进行二维码扫描来观看配套视频的理论讲解和案例操作，同时课工场（www.kgc.cn）开辟教材配套版块，提供案例代码及案例素材下载。此外，课工场还为读者提供了体系化的学习路径、丰富的在线学习资源和活跃的学习社区，方便读者随时学习。

读者对象：

1．大中专院校的老师和学生

2．编程爱好者

3．初中级程序开发人员

4．相关培训机构的老师和学员

读者服务：

为解决本丛书中存在的疑难问题，读者可以访问课工场官方网站（www.kgc.cn），也可以发送邮件到 ke@kgc.cn，我们的客服专员将竭诚为您服务。

致谢：

本丛书是由课工场大数据开发教研团队研发编写的，课工场（kgc.cn）是北京大学旗下专注于互联网人才培养的高端教育品牌。作为国内互联网人才教育生态系统的构建者，课工场依托北京大学优质的教育资源，重构职业教育生态体系，以学员为本、以企业为基，构建教学大咖、技术大咖、行业大咖三咖一体的教学矩阵，为学员提供高端、靠谱、炫酷的学习内容！

感谢您购买本丛书，希望本丛书能成为您大数据开发之旅的好伙伴！

关于引用作品版权说明

为了方便读者学习，促进知识传播，本书选用了一些知名网站的相关内容作为学习案例。为了尊重这些内容所有者的权利，特此声明，凡在书中涉及的版权、著作权、商标权等权益均属于原作品版权人、著作权人、商标权人。

为了维护原作品相关权益人的权益，现对本书选用的主要作品的出处给予说明（排名不分先后）。

序号	选用的网站作品	版权归属
1	京东新闻资讯页	京东
2	聚美优品菜单列表	聚美优品
3	百度品牌全知道	百度

由于篇幅有限，以上列表中可能并未全部列出本书所选用的作品。在此，我们衷心感谢所有原作品的相关版权权益人及所属公司对职业教育的大力支持！

Java Web开发实战

第1章 HTML5基础
任务：制作图文并茂的简单首页
- 1.1.1 HTML5文件的基本结构和W3C标准
- 1.1.2 网页的基本标签
- 1.1.3 图像标签
- 1.1.4 超链接标签

第2章 列表、表格与媒体元素
- 任务1：使用列表展示数据
- 任务2：使用表格展示数据
- 任务3：使用媒体元素在网页中播放视频
- 任务4：使用HTML5结构元素进行网页布局

第3章 CSS3美化网页
- 任务1：制作团队风采页面
  - 3.1.1 CSS概述
  - 3.1.2 CSS3的基本语法
  - 3.1.3 在HTML中引入CSS样式
  - 3.1.4 编辑网页文本
- 任务2：制作京东新闻资讯页
- 任务3：制作畅销书排行榜页面
  - 3.3.1 背景样式
  - 3.3.2 CSS3的基本选择器

第4章 JavaScript基础
- 任务1：在页面上输出10*10的由"*"组成的图形
  - 4.1.1 JavaScript简介
  - 4.1.2 JavaScript基础语法
- 任务2：模拟简单的计算器，实现加减乘除功能
  - 4.2.1 函数
  - 4.2.2 程序调试
- 任务3：实现页面上复选框"全选"功能
  - 4.3.1 BOM概述
  - 4.3.2 BOM对象操作窗体
- 任务4：实现页面上动态实时时钟
  - 4.4.1 JavaScript内置对象概述
  - 4.4.2 JavaScript内置对象
- 任务5：实现试题管理系统的"添加试题"页面功能
  - 4.5.1 DOM概述
  - 4.5.2 使用Core DOM操作节点
- 任务6：实现后台进货管理系统的"增加商品"页面功能
  - 4.6.1 HTML DOM
  - 4.6.2 使用HTML DOM操作表格
- 任务7：实现省市级联效果的页面功能
  - 4.7.1 数组
  - 4.7.2 使用下拉列表框对象
- 任务8：实现页面上Tab切换效果及滚动广告效果
  - 4.8.1 JavaScript访问样式的常用方法
  - 4.8.2 JavaScript访问样式的应用

第5章 JavaScript表单验证
- 任务1：实现页面注册信息验证功能
  - 5.1.1 表单验证概述
  - 5.1.2 实现表单验证
- 任务2：升级任务1，加入正则表达式实现页面注册信息验证功能
  - 5.2.1 正则表达式
  - 5.2.2 String对象与正则表达式

第6章 jQuery制作网页特效
- 任务1：使用jQuery实现轮播图效果
  - 6.1.1 jQuery简介
  - 6.1.2 DOM高级编程
  - 6.1.3 jQuery语法结构
  - 6.1.4 DOM对象和jQuery对象
  - 6.1.5 循环结构
- 任务2：使用Ajax刷新最新动态
  - 6.2.1 认识Ajax
  - 6.2.2 jQuery中的Ajax
- 任务3：模拟JSON数据实现瀑布流效果

第7章 使用JSP实现系统登录
- 任务1：初识Web项目
  - 7.1.1 程序架构
  - 7.1.2 统一资源定位符
  - 7.1.3 Web服务器
  - 7.1.4 使用MyEclipse开发Web项目
- 任务2：使用JSP实现输出显示
  - 7.2.1 JSP简介
  - 7.2.2 JSP语法
  - 7.2.3 JSP的输出显示
- 任务3：使用JSP获取用户注册数据
  - 7.3.1 表单与request对象
  - 7.3.2 中文乱码
  - 7.3.3 页面间的数据传递
- 任务4：使用JSP保存数据
  - 7.4.1 会话概述
  - 7.4.2 Cookie概述
  - 7.4.3 application对象
  - 7.4.4 page作用域
  - 7.4.5 对象的作用域比较

第8章 使用JDBC和JavaBean操作数据库
- 任务1：使用JDBC查询新闻信息
  - 8.1.1 JDBC概述
  - 8.1.2 设置配置文件
- 任务2：使用JDBC实现对新闻信息的编辑
  - 8.2.1 PreparedStatement概述
  - 8.2.2 使用通用类优化数据库操作
  - 8.2.3 数据源与连接池
- 任务3：新闻列表的显示
  - 8.3.1 JavaBean
  - 8.3.2 使用JSP标签显示新闻列表
- 任务4：使用JSP实现新闻信息的添加
  - 8.4.1 JSP的页面包含
  - 8.4.2 JSP的页面跳转

第9章 第三方控件和分页查询
- 任务1：为新闻添加图片
  - 9.1.1 第三方控件概述
  - 9.1.2 使用commons-fileupload组件实现图片上传
- 任务2：使用编辑器实现新闻编辑
  - 9.2.1 CKEditor概述
  - 9.2.2 CKEditor的使用
- 任务3：新闻信息的分页查询
  - 9.3.1 分页的应用
  - 9.3.2 使用存储过程实现分页查询
- 任务4：新闻信息的分页显示
  - 9.4.1 JSP中的分页显示
  - 9.4.2 升级分页显示

第10章 EL和JSTL
- 任务1：使用EL表达式优化新闻显示
  - 10.1.1 EL表达式概述
  - 10.1.2 使用EL访问作用域
- 任务2：使用JSTL显示新闻列表
  - 10.2.1 JSTL
  - 10.2.2 迭代标签与条件标签
  - 10.2.3 使用JSTL构造URL
  - 10.2.4 使用JSTL格式化日期显示
  - 10.2.5 升级分页显示功能

第11章 Servlet、过滤器和监听器
- 任务1：使用Servlet实现新闻增加
  - 11.1.1 Servlet概述
  - 11.1.2 Servlet的应用
  - 11.1.3 使用Servlet实现新闻增加
- 任务2：使用过滤器解决乱码显示
  - 11.2.1 过滤器概述
  - 11.2.2 过滤器的应用
- 任务3：使用监听器统计在线人数
  - 11.3.1 监听器概述
  - 11.3.2 使用监听器统计在线人数
  - 11.3.3 ServletContextListener接口

第12章 综合练习——网上书城
- 任务：完成"网上书城"综合练习
  - 12.1.1 项目需求
  - 12.1.2 项目环境准备
  - 12.1.3 项目覆盖的技能点
  - 12.1.4 难点分析
  - 12.1.5 项目实现思路

目　　录

第1章

HTML5 基础

本章重点

※ HTML5 文件的基本结构和 W3C 标准
※ 网页的基本标签
※ 常见的图像格式和如何在网页中使用图像
※ 超链接、锚链接及功能性链接的用法

本章目标

※ 了解 HTML5 的介绍、W3C 标准以及页面的基本结构
※ 理解网页中的基本标签及其使用方法
※ 能够使用基本标签制作页面
※ 掌握基本标签、图像标签和超链接标签的意义以及用法

本章任务

学习本章，完成以下工作任务。记录学习过程中遇到的问题，可以通过自己的努力或访问 kgc.cn 解决。

任务 制作图文并茂的简单首页

1.1.1 HTML5 文件的基本结构和 W3C 标准

在网络已完全融入日常生活的时代，从网络上获取信息或通过网络反馈个人信息，这些都离不开网页。图 1.1 至图 1.3 分别代表了常规的宣传页面、用户反馈调查页面和电子邮箱页面。在这些各式各样的页面中，无论是漂亮的、丑的，还是文字的、图片的、视频的，都是以 HTML 文件为基础制作出来的。本节将介绍 HTML 文件的基本结构，在讲解之前，首先简单介绍一下什么是 HTML，以及它的发展史。

图 1.1 宣传页面

图 1.2 用户反馈调查页面

图 1.3 电子邮箱页面

1. HTML 简介及发展史

在学习使用 HTML 之前，大家经常会问，什么是 HTML？HTML 是一种用来描述网页的语言，是一种超文本标记语言，也就是说，HTML 不是一种编程语言，仅是一种标记语言（Markup Language）。

既然 HTML 是标记语言，代表 HTML 是由一套标记标签（Markup Tag）组成，在制作网页时，HTML 使用标记标签来描述网页。

使用浏览器打开任意一个页面，按下 F12 键，就会看到一段程序，里面显示的就是这个网页的 HTML 源文件，如图 1.4 所示。这些代码现在看起来是有点复杂，实际上并不难，本书后面章节的任务就是讲解如何编写 HTML 文件。

图 1.4　网页的 HTML 源文件

在明白了什么是 HTML 之后，再来简单介绍一下 HTML 的发展史，让大家了解 HTML 的发展历程，以及目前 HTML 的最新版本，使大家在学习时有一个学习的目标和方向。

（1）超文本标记语言——1993 年 6 月在互联网工程任务小组的工作草案中发布（并非标准）。

（2）HTML2.0——1995 年 11 月作为 RFC 1866 发布，在 RFC 2854 于 2000 年 6 月发布之后被宣布过时。

（3）HTML3.2——1996 年 1 月 14 日发布，W3C 推荐标准。

（4）HTML4.0——1997 年 12 月 18 日发布，W3C 推荐标准。

（5）HTML4.01（微小改进）——1999 年 12 月 24 日发布，W3C 推荐标准。2000 年 5 月 15 日又发布基本严格的 HTML4.01 语法，是国际标准化组织和国际电工委员会的标准。

（6）XHTML1.0——2000 年 1 月 26 日发布，W3C 推荐标准，后来经过修订于 2002 年 8 月 1 日重新发布。

（7）XHTML1.1——2001 年 5 月 31 日发布。

（8）XHTML2.0——W3C 的工作草案，由于改动过大，导致学习这项新技术的成本过高而最终失败，因此，现在最常用的还是 XHTML1.0 标准。

（9）HTML5——目前最新的版本，于 2004 年被提出，2007 年被 W3C 接纳并成立新的 HTML 工作团队。2008 年 1 月 22 日公布 HTML5 第一份正式草案，2012 年 12 月 17 日 HTML5 规范正式定稿，2013 年 5 月 6 日，HTML5.1 正式草案公布。

HTML 没有 1.0 版本是因为当时有很多不同的版本，第一个正式规范为了和当时的各种 HTML 标准区分开，直接使用 2.0 作为其版本号。

HTML5 作为最新版本，提供了一些新的元素和一些有趣的新特性，同时也建立了一些新的规则。这些元素、特性和规则的建立，提供了许多新的网页功能，如使用网页实现动态渲染图形、图表、图像和动画，以及不需要安装任何插件直接使用网页播放视频等。目前企业开发中也在增大使用 HTML5 的力度，为什么 HTML5 会越来越广泛地被使用呢？接下来看看 HTML5 有哪些优势。

2．HTML5 的优势

HTML5 自正式推出以来，就以一种惊人的速度被迅速推广着，接下来将会介绍各主流浏览器对于 HTML5 表现出来的热烈欢迎、积极支持及为什么 HTML5 会如此受欢迎。

（1）世界知名浏览器厂商对 HTML5 的支持

通过对 Internet Explorer、Google、Firefox、Safari、Opera 等主要 Web 浏览器的发展策略调查，发现它们都在支持 HTML5 上采取了措施。

➢ 微软：2010 年 3 月 16 日，微软于拉斯维加斯举行的 MIX10 技术大会上宣布已推出 Internet Explorer（IE）9 浏览器开发者预览版。此版本将更多地支持 CSS3、SVG 和 HTML5 等互联网浏览通用标准。

➢ Google：2010 年 2 月 19 日，Google Gears 项目经理伊安·费特通过博客宣布，谷歌将放弃对 Gears 浏览器插件项目的支持，重点开发 HTML5 项目。

➢ 苹果：2010 年 6 月 7 日，苹果在开发者大会的会后发布了 Safari 5。这款浏览器支持 10 个以上 HTML5 新技术，包括全屏播放、HTML5 视频、HTML5 地理位置、HTML5 的形式验证等功能。

➢ Opera：2010 年 5 月 5 日，Opera 软件公司首席技术官 Hakon Wium Lie 先生在访华之际，接受中国软件资讯网等少数几家媒体采访，他认为 HTML5 和 CSS3 将是全球互联网发展的未来趋势。

➢ Mozilla：2010 年 7 月，Mozilla 基金会发布了 Firefox 4 浏览器的第一个测试版，从官方文档看，它对 HTML5 提供了完全级别的支持。

以上证据表明，目前主流浏览器已经纷纷朝着支持 HTML5、结合 HTML5 的方向迈进，因此 HTML5 已经被广泛地推行开来。

（2）市场的需求

现在的市场已经迫不及待地要求有一个统一的互联网通用标准。HTML5 之前的情况是，由于各浏览器之间的不统一，仅是修改 Web 浏览器之间由于兼容性而引起的 bug 就浪费了大量的时间。而 HTML5 的目标就是将 Web 带入一个成熟的应用平台，在 HTML5 平台上，视频、音频、图像、动画及同计算机的交互都被标准化。

（3）跨平台

HTML5 可以做到跨平台开发，用户只要打开浏览器即可访问应用，PC 网站、各种移动设备、插件等核心代码就可以不需要重复编写，这样极大地减少了开发人员的工作量。

通过以上的介绍，相信大家已经明白了 HTML 是什么，它的发展史如何，鉴于以上原因和企业发展需求。本书在讲解时，是以 HTML5 为标准进行介绍的，下面介绍 HTML5 文件的基本结构。

> 🔗 **说明：**
>
> 　　本书中使用的是 HTML 的最新版本 HTML5，后面的章节将会使用 HTML5 的标准来开发网页。

3. W3C 标准

W3C 标准不是某一个标准，而是一系列的标准集合。一个网页主要由三部分组成，即结构（Structure）、表现（Presentation）和行为（Behavior）。

用一座房子来做比喻，房子首先需要用砖、泥、沙、钢筋等搭框架——"结构"，然后需要对这个框架进行装修，如刷墙漆、贴墙纸、安灯等，总之让房子更加漂亮，这就称为房子的"表现"。给房子加电梯、门铃、感应门等就像是房子的"行为"。

在一个网页中，同样可以分为很多部分，包括各级标题、正文、图片、列表等，这就构成了一个网页的"结构"。每个组成部分的字体、颜色、间距等属性就构成了它的"表现"。用户通过单击让页面中某个元素移动、消失等动画交互就称它的"行为"。

不很严谨地说"结构""表现""行为"分别对应了三种非常常用的技术，即 HTML、CSS、JavaScript。也就是说 HTML 用来决定结构和内容，CSS 用来设定网页的表现样式，JavaScript 用来控制网页的行为。本书重点介绍前两者，对于 JavaScript 在别的书中会详细讲解。

这三个组成部分被明确后。一个重要的思想随之产生，即"结构""表现""行为"三者相分离，这样给页面开发带来很多优点，具体内容后面会一一讲解。

这里以一个简单的例子进行说明。图 1.5 中显示的是一个页面的初始效果，即仅通过 HTML 定义了这个页面的结构，这样看起来页面是非常单调的，只是所有 HTML 元素依次排列而已。

图 1.5　仅使用 HTML 写"结构"的网页

可是在上面例子的基础上添加 CSS 样式后，它的表现就完全不同了，图 1.6 所示的是一种表现样式。借助于 CSS 不仅可以在不改变 HTML 结构和内容的基础上设计出很多不同的表现样式，而且可以在不改变 HTML 结构的情况下随时修改样式。这就是"结构"与"表现"分离所带来的好处。

图 1.6　加了 CSS 样式后的效果

小结：

　　W3C 标准包括结构化标准语言（HTML、XML）、表现标准语言（CSS）、行为标准（DOM、ECMAScript）。

看了前面的内容已经了解了 HTML 和它的发展史，初步认识到网页开发要包括的三个基本步骤，并且这三个步骤都要依照 W3C 标准进行。相信大家已经迫不及待地想来尝试这三个步骤的开发了吧。接下来就先进入第一个步骤——网页"结构"搭建。不过在此之前先介绍下网页开发的工具。

4．网页编辑工具

俗话说："磨刀不误砍柴工"。要进行网页开发也是一样的，选择一款好的开发工具是非常必要的。可以开发网页的工具非常多，如记事本、Dreamweaver、UltraEdit、Sublime、WebStorm 等。我们究竟选择哪一款呢？

经过无数的调查发现 WebStrom 目前在企业中使用得非常广泛，并且它是一款功能非常强大的编辑软件。为了方便学习 HTML 的各类标签，和企业开发接轨，本书将会使用 WebStorm 作为 HTML 文档的编辑工具。

使用 WebStorm 编辑 HTML 文档的步骤如下。

（1）打开 WebStorm 编辑器后，选择 File → New → HTML File 命令，打开 HTML File 对话框，如图 1.7 所示。

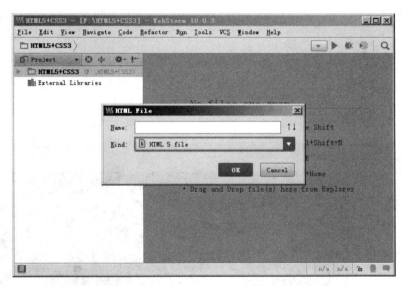

图 1.7　WebStorm 新建 HTML5 文件

> **注意：**
>
> 　　如果是第一次安装 WebStorm 的话，不会出现这个界面，可以首先在出现的那个界面上单击 Create New Project（创建一个新的项目文件），然后这个文件夹就会随之在 WebStorm 左边显示，如图 1.7 中左边的 "HTML5+CSS3"，接下来要开发的项目子文件就可以放在这个文件夹下面了。

（2）在 Name 文本框中输入 HTML 的文件名为 "my_firstPage"，在 Kind 下拉列表框中选择 "HTML 5 file" 选项，单击 OK 按钮即可创建一个 HTML5 页面的模板，效果如图 1.8 所示。

（3）在 body 元素和 title 元素中添加网页内容。

（4）网页内容添加完成后，将鼠标移动到 WebStorm 编辑器右上方，会出现几个常见的浏览器图标，如图 1.9 所示，单击 Chrome 浏览器图标即可打开该页面。

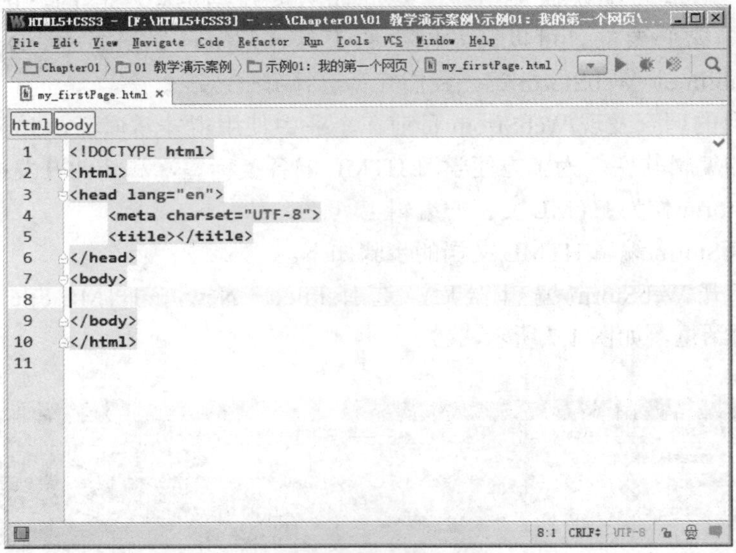

图 1.8　WebStorm 默认的 HTML5 文档效果

图 1.9　在 WebStorm 中用浏览器打开网页

注意：

　　要使用 Chrome 浏览器测试，前提是本机上安装了 Chrome 浏览器，其他的浏览器也是同理。

（5）在 Chrome 浏览器中显示的效果如图 1.10 所示。

图 1.10　在 Chrome 浏览器中显示的效果

> **注意：**
>
> 　　由于本书是基于 HTML5 规范来开发的，并且 Chrome 浏览器的控制台调试模拟功能非常强大和方便，因此使用 Chrome 浏览器作为浏览测试的主要浏览器，IE 浏览器和 FireFox 浏览器作为辅助测试浏览器。

5. HTML5 文件的基本结构

前面通过工具创建了一个 HTML5 模板文件，可是大家对这个模板里的代码肯定会产生疑惑，这些到底是什么？下面对图 1.11 中的代码进行分析。

图 1.11　HTML 代码结构

前面讲过 HTML 是一种超文本标记语言，如网页中的一个标题、一个段落、一张图片等，都是利用一个个 HTML 标记完成的。最基本的语法就是 < 标记 > 内容 </ 标记 >。

标记在有的地方也称为标签或者元素，其实它们指的都是同一种东西。标记都是成对出现的，有一个开头标记就对应地有一个结束标记，以 "<>" 开始、以 "</>" 结束，要求成对出现；标记之间有缩进，体现层次感，方便阅读和修改。

当浏览器读到 HTML 文件后，就会解释里面的标记符，然后把标记符相对应的功能表达出来。页面的各部分内容都放在对应的标记中。

HTML5 的基本结构分为两部分，如图 1.11 所示。整个 HTML 包括头部（head）和主体（body）两部分，头部包括网页标题（title）等基本信息，主体包括网页的内容信息，如图片、文字等。

6. 网页的基本信息

一个完整的网页除了基本结构外，还包括网页声明、<meta> 标签等其他基本信息，下面进行详细的介绍。

（1）DOCTYPE 声明

从图 1.9 中可以看到，最上面有一行关于 DOCTYPE 文档类型的声明，用来约束 HTML 文档结构，检验是否符合相关 Web 标准，同时告诉浏览器，使用哪种规范来解释这个文档中的代码。DOCTYPE 声明必须位于 HTML 文档的第一行。

<!DOCTYPE html>

（2）<title> 标签

<title> 标签用来描述网页的标题，类似一篇文章的标题，一般为一个简洁的主题，并能使读者有兴趣读下去。例如，搜狐网站的主页对应的网页标题如下：

<title> 搜狐 - 中国最大的门户网站 </title>

打开网页后，将在浏览器窗口的标题栏显示网页标题。

（3）<meta> 标签

<meta> 标签用来描述网页的摘要信息，包括文档内容类型、字符编码信息、搜索关键字、网站提供的功能和服务的详细描述等。<meta> 标签描述的内容并不显示，其目的是方便浏览器解析或利于搜索引擎搜索，它采用"名称 / 值"对的方式描述摘要信息。

文档内容类型、字符编码信息书写如下：

<meta charset="UTF-8" />

属性：charset 表示字符集编码，常用的编码有以下几种：

➤ gb2312：简体中文，一般用于包含中文和英文的页面。
➤ ISO-885901：纯英文，一般用于只包含英文的页面。
➤ big5：繁体，一般用于带有繁体字的页面。
➤ UTF-8：国际上通用的字符编码，同样适用于包含中文和英文的页面。和 gb2312 编码相比，国际通用性更好。

保存文件时编码方式一定要与 HTML5 页面中 <meta> 标签中的编码方式保持一致，否则，将会出现乱码。

1.1.2　网页的基本标签

通过前面知识的学习，我们认识了标签及基本的网页结构，可是要搭建一个网页结构还需要学习很多的其他标签。下面就给大家介绍网页常用的基本标签。

1. 标题标签

标题标签表示一段文字的标题或主题，并且支持多层次的内容结构。例如，一级标题采用 <h1>，二级标题采用 <h2>，其他级别标题以此类推。HTML 共提供了六级标题 <h1> ～ <h6>，并赋予了标题一定的外观，所有标题字体加粗，<h1> 字号最大，<h6> 字号最小。例如，示例 1 描述了各级标题对应的 HTML 标签。

⊃ 示例 1

<!DOCTYPE html>
<html>

```
<head lang="en">
    <meta charset="UTF-8">
    <title> 不同等级的标题标签对比 </title>
</head>
<body>
    <h1> 一级标题 </h1>
    <h2> 二级标题 </h2>
    <h3> 三级标题 </h3>
    <h4> 四级标题 </h4>
    <h5> 五级标题 </h5>
    <h6> 六级标题 </h6>
</body>
</html>
```

在浏览器中打开示例 1 的预览效果，如图
1.12 所示。

图 1.12　不同级别的标题标签输出结果

2．段落标签和换行标签

顾名思义，段落标签<p>…</p>表示一段文字等内容。例如，希望描述"北京欢迎你"
这首歌，包括歌名（标题）和歌词（段落），则对应的 HTML 代码如示例 2 所示。

⊃ 示例 2

```
<!DOCTYPE html>
<html>
<head lang="en">
    <meta charset="UTF-8">
    <title> 段落标签的应用 </title>
</head>
<body>
    <h1> 北京欢迎你 </h1>
    <p> 北京欢迎你，有梦想谁都了不起 !</p>
    <p> 有勇气就会有奇迹。</p>
</body>
</html>
```

示例 2 中使用 <h1> 标签来表示标题，使用
<p> 标签表示一个段落，这里就对应了上面介绍
的 HTML 内容语义化。需要注意，本例的一个段
落只包含一行文字，实际上，一个段落中可以包
含多行文字，文字内容将随浏览器窗口的大小自
动换行。

图 1.13　段落标签的应用

在浏览器中打开示例 2 的预览效果，如图
1.13 所示。

换行标签
 表示强制换行显示，该标签比较特殊，没有结束标签，直接使用

 表示标签的开始和结束。例如，希望"北京欢迎你"的歌词紧凑显示，每句间要
求换行，则对应的 HTML 代码如示例 3 所示。

说明：

　　像换行标签
 这样没有结束标签，而直接使用
 表示标签的开始和结束的标签叫单标签。成对出现的，如 <html></html> 这样有开始标签和结束标签的标签叫双标签。

示例3

```
<!DOCTYPE html>
<html>
<head lang="en">
  <meta charset="UTF-8">
  <title> 换行标签的应用 </title>
</head>
<body>
  <h1> 北京欢迎你 </h1>
  <p>
      北京欢迎你,有梦想谁都了不起 !<br/>
      有勇气就会有奇迹。<br/>
      北京欢迎你,为你开天辟地 <br/>
      流动中的魅力充满朝气。<br/>
      北京欢迎你,在太阳下分享呼吸 <br/>
      在黄土地刷新成绩。<br/>
      北京欢迎你,像音乐感动你 <br/>
      让我们都加油去超越自己。<br/>
  </p>
</body>
</html>
```

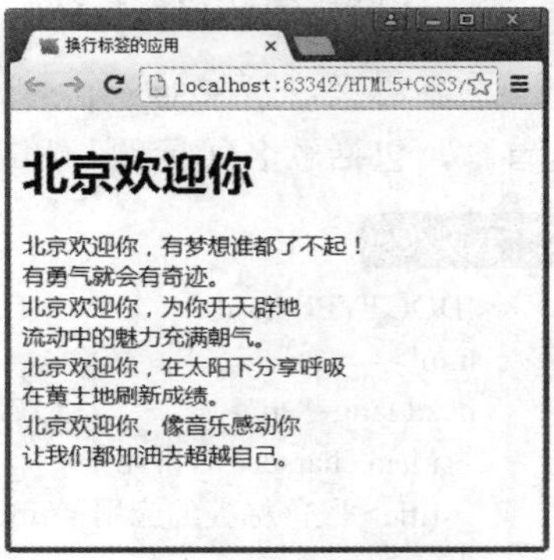

图 1.14　换行标签的应用

在浏览器中打开示例 3 的预览效果，如图 1.14 所示。

3. 水平线标签

顾名思义，水平线标签 <hr/> 表示一条水平线，注意该标签与
 标签一样，比较特殊，没有结束标签。为了让版面更加清晰直观，可以在歌名和歌词间加一条水平分隔线，对应的 HTML 代码如示例 4 所示。

示例4

```
<!DOCTYPE html>
<html>
<head lang="en">
  <meta charset="UTF-8">
  <title> 水平线标签的应用 </title>
</head>
<body>
  <h1> 北京欢迎你 </h1>
  <hr/>
```

```
        <p>
            北京欢迎你 , 有梦想谁都了不起 !<br/>
            有勇气就会有奇迹。<br/>
            北京欢迎你 , 为你开天辟地 <br/>
            流动中的魅力充满朝气。<br/>
            北京欢迎你 , 在太阳下分享呼吸 <br/>
            在黄土地刷新成绩。<br/>
            北京欢迎你 , 像音乐感动你 <br/>
            让我们都加油去超越自己。<br/>
        </p>
    </body>
</html>
```

图 1.15　水平线标签的应用

在浏览器中打开示例 4 的预览效果，如图 1.15 所示。

4．字体样式标签

在网页中，经常会遇到加粗字体或斜体字，可以使用 <strong> 标签来让字体变粗，使用 <em> 标签让文字倾斜。例如，在网页中介绍徐志摩，其中"徐志摩人物简介"字样加粗显示，介绍中出现的日期使用斜体，对应的 HTML 代码如示例 5 所示。

> 说明：
>
> 　　实际上 <strong> 标签不但能让字体加粗，它还有一个更重要的"身份"——一个带有语义化的标签。它有强调、加强语气的作用。

➲ 示例 5

```
<!DOCTYPE html>
<html>
<head lang="en">
    <meta charset="UTF-8">
    <title> 字体样式标签 </title>
</head>
<body>
    <strong> 徐志摩人物简介 </strong>
    <p>
        <em>1910</em> 年入杭州学堂 <br/>
        <em>1918</em> 年赴美国克拉大学学习银行学 <br/>
        <em>1921</em> 年开始创作新诗 <br/>
        <em>1922</em> 年返国后在报刊上发表大量诗文 <br/>
        <em>1927</em> 年参加创办新月书店 <br/>
        <em>1931</em> 年由南京乘飞机到北平 , 飞机失事 , 因而遇难 <br/>
    </p>
</body>
</html>
```

在浏览器中打开示例 5 的预览效果，如图 1.16 所示。

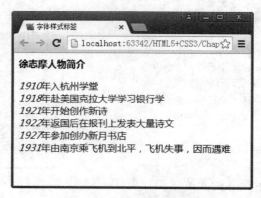

图 1.16　字体样式标签的应用

5. 注释和特殊符号

HTML 中的注释是为了方便阅读和调试代码。当浏览器遇到注释时会自动忽略注释内容。HTML 的注释格式如下。

语法

```
<!-- 注释内容 -->
```

当页面的 HTML 结构较复杂或内容较多时，需要添加必要的注释来方便代码的阅读和维护。同时，为了调试，需要暂时注释掉一些不必要的 HTML 代码。例如，将示例 5 中的一些代码注释掉，如示例 6 所示。

● 示例 6

```
<!DOCTYPE html>
<html>
<head lang="en">
  <meta charset="UTF-8">
  <title> 字体样式标签 </title>
</head>
<body>
  <strong> 徐志摩人物简介 </strong>
  <p>
    <!--<em>1910</em> 年入杭州学堂 <br/>-->
    <em>1918</em> 年赴美国克拉大学学习银行学 <br/>
    <em>1921</em> 年开始创作新诗 <br/>
    <em>1922</em> 年返国后在报刊上发表大量诗文 <br/>
    <!--<em>1927</em> 年参加创办新月书店 <br/>
    <em>1931</em> 年由南京乘飞机到北平，飞机失事，因而遇难 <br/>-->
  </p>
</body>
</html>
```

在浏览器中打开示例 6 的预览效果，如图 1.17 所示，被注释掉的内容在页面上将不显示。

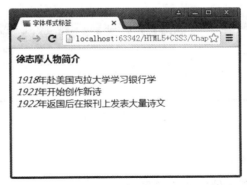

图 1.17　注释的应用

由于大于号（>）、小于号（<）等已作为 HTML 的语法符号，如果要在页面中显示这些特殊符号，就必须使用相应的 HTML 代码表示，这些特殊符号对应的 HTML 代码被称为字符实体。

HTML 中常用的特殊符号及其对应的字符实体如表 1-1 所示，这些实体符号都以"&"开头，以";"结束。

表 1-1　HTML 中常用的特殊符号及其对应的字符实体

特殊符号	字符实体	示　例
空格		\<a href="#"> 百度 \</a> | \<a href="#">Google\</a>
大于号（>）	&gt;	如果时间 > 晚上 6 点，就坐车回家
小于号（<）	&lt;	如果时间 < 早上 7 点，就走路去上学
引号（"）	&quot;	W3C 规范中，HTML 的属性值必须用成对的 " 引起来
版权符号（©）	&copy;	© 2017 课工场

现在利用学习的特殊符号制作课工场官方网站版权部分，代码如示例 7 所示。

→ 示例 7

```
<!DOCTYPE html>
<html>
<head lang="en">
  <meta charset="UTF-8">
  <title> 特殊符号的应用 </title>
</head>
<body>
    &copy;2017  北京课工场教育科技有限公司
<br/>
    版权所有  京 ICP 备 15057271 号  京公网安备 11010802017390 号
```

</body>
</html>

在浏览器中打开示例 7 的预览效果，如图 1.18 所示。

图 1.18 特殊符号的应用

技能训练

上机练习 1：制作李清照的词《清平乐》

➢ 训练要点

（1）使用 WebStorm 制作网页。

（2）标签的嵌套使用。

（3）使用标题标签、段落标签、水平线标签和换行标签编辑文本。

➢ 需求说明

使用前面学习的标签制作李清照的词《清平乐》，标题用 <h2> 标签，文字用 <p> 标签，标题与正文之间的分隔线使用 <hr/> 标签，词结束后使用
 标签换行，页面效果如图 1.19 所示。

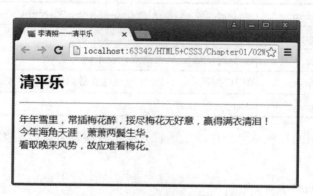

图 1.19 《清平乐》页面效果

➢ 实现思路及关键代码

诗词内容均放在一个 <p>…</p> 标签中，诗词中需要换行时使用
 标签，来实现标签的嵌套。

上机练习 2：制作李清照简介

➢ 需求说明

使用前面学习的标签制作李清照的简介，"人物简介"四个字用标题标签，人名加粗显示，时间斜体显示，并制作页面版权部分，完成效果如图 1.20 所示。

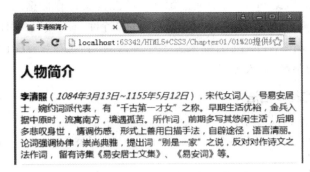

图 1.20　李清照简介的完成效果

1.1.3　图像标签

在浏览网页时，随时都可以看到各种图像，图像是网页中不可缺少的一种元素，下面介绍常见的图像格式和如何在网页中使用图像。

1. 常见的图像格式

在日常生活中，使用比较多的图像格式有四种，即 JPG 格式、GIF 格式、BMP 格式、PNG 格式。在网页中使用比较多的是 JPG 格式、GIF 格式和 PNG 格式，大多数浏览器都可以显示这些图像，PNG 格式比较新，部分浏览器可能不支持此格式。下面我们就来分别介绍这四种常用的图像格式。

（1）JPG 格式

JPG（JPEG）是在 Internet 上被广泛支持的图像格式，它是联合图像专家组（Joint Photographic Experts Group）的英文缩写。JPG 格式采用的是有损压缩，会造成图像画面的失真，不过压缩之后的体积很小，而且比较清晰，所以比较适合在网页中应用。

此格式最适合用于摄影或连续色调图像的高级格式，这是因为 JPG 文件可以包含数百万种颜色。随着 JPG 格式文件品质的提高，文件的大小和下载时间也会随之增加。通常可以通过压缩 JPG 格式文件在图像品质和文件大小之间达到良好的平衡。

（2）GIF 格式

GIF 是网页中使用最广泛、最普遍的一种图像格式，它是图像交换格式（Graphics Interchange Format）的英文缩写。GIF 格式文件支持透明色，使得 GIF 格式图像在网页的背景和一些多层特效的显示上用得非常多，还支持动画,这是它最突出的一个特点，因此 GIF 格式图像在网页中应用非常广泛。

（3）BMP 格式

BMP 格式图像在 Windows 操作系统中使用得比较多，它是位图（Bitmap）的英文缩写。BMP 格式图像文件与其他 Microsoft Windows 程序兼容,但它不支持文件压缩,也不适用于 Web 页面。

（4）PNG 格式

PNG 格式是 20 世纪 90 年代中期开始开发的图像文件存储格式，它兼有 GIF 格式和 JPG 格式的优势，同时具备 GIF 格式不具备的特性。流式网络图形格式（Portable Network Graphic Format，PNG）名称来源于非官方的"PNG's Not GIF"，读成"ping"。PNG 是一种新兴的 Web 图像格式。

2．图像标签的基本语法

图像标签的基本语法如下：

<img src=" 图片地址 " alt=" 图像的替代文字 " title=" 鼠标悬停提示文字 " width=" 图片宽度 " height=" 图片高度 " />

其中，src 属性表示图片路径，alt 属性指定替代的文本，表示图像无法显示时（如图片路径错误或网速太慢等）用来替代显示的文本，这样，即使图像无法显示时，用户也可以看到网页丢失的信息内容，如图 1.21 所示。所以 alt 属性在制作网页时常和 src 属性配合使用。

title 属性可以提供额外的提示或帮助信息，当鼠标移至图片上时显示提示信息，如图 1.22 所示，方便用户使用。

图 1.21　alt 属性显示效果　　　　　图 1.22　title 属性显示效果

width 和 height 两个属性分别表示图片的宽度和高度，如果不设置图片默认以原始大小显示。图 1.22 对应的 HTML 代码如示例 8 所示，图片和文本使用 <p> 标签进行排版，换行使用
 标签。

⊃ 示例 8

```
<!DOCTYPE html>
<html>
<head lang="en">
    <meta charset="UTF-8">
    <title> 图像标签的应用 </title>
</head>
```

```
<body>
  <p>
    <img src="image/hetao.jpg" width="160" height="160"  alt=" 无漂白薄皮核桃 " title=
      " 无漂白薄皮核桃 "/>
  </p>
<p>
楼兰蜜语 新疆野生 <br/>
  无漂白薄皮核桃 500g×2 包 <br/>
  ¥48.8
  </p>
</body>
</html>
```

> **经验：**
>
> 　　在实际的网站开发中，通常会把网站应用到的图片统一存放在 image 或 images 文件夹中，本书示例应用到的图片也按此规则放在 image 或 images 文件夹中。

1.1.4　超链接标签

大家在上网时，经常会通过超链接查看各个页面或不同的网站，因此超链接 <a> 标签在网页中极为常用。超链接常用来设置到其他页面的导航链接。下面介绍超链接的基本用法和应用场合。

1. 超链接的基本用法

超链接包含两部分内容，一是链接地址，即链接的目标，可以是某个网址或文件的路径，对应为 <a> 标签的 href 属性；二是链接文本或图像，单击该文本或图像，将跳转到 href 属性指定的链接地址。超链接的基本语法如下：

<a href=" 链接地址 " target=" 目标窗口位置 "> 链接文本或图像 </a>

➢　href：表示链接地址的路径。

➢　target：指定链接在哪个窗口打开，常用的取值有 _self（自身窗口）、_blank（新建窗口）。

超链接既可以是文本超链接，也可以是图像超链接。例如，示例 9 中两个超链接分别表示文本超链接和图像超链接，单击这两个超链接均能够在一个新的窗口中打开 detail.html 页面。

⊃ 示例 9

```
<!DOCTYPE html>
<html>
<head lang="en">
  <meta charset="UTF-8">
```

```
<title> 图书列表页 </title>
</head>
<body>
  <!-- 图像超链接 -->
  <a href="detail.html" target="_blank"><img src="image/img1.png"
      alt=" 姑娘，欢迎降落在这残酷的世界 "/></a>
  <p>
    <!-- 文本超链接 -->
    <a href="detail.html" target="_blank"> 姑娘，欢迎降落在这残酷的世界 </a>
  </p>
  <p>¥58</p>
</body>
</html>
```

在浏览器中打开页面，单击图像超链接可以打开图书详情页（detail.html 页面），单击文本超链接也可以打开图书详情页（detail.html 页面），显示效果如图 1.23 所示。

图 1.23　打开超链接示意图

示例 9 中超链接的路径均为文件名称，这表示本页面和跳转页面在同一个目录下。如果两个文件不在同一个目录下，该如何表示文件路径呢？

当单击网页中某个链接时，将指向万维网上的文档。万维网使用统一资源定位器（Uniform Resource Location，URL）的方式来定义一个链接地址。例如，一个完整的链接地址的常见形式为 http://www.kgc.cn。

根据链接地址是指向站外文件还是站内文件，链接地址又分为绝对路径和相对路径。

- ➢ 绝对路径：指向目标地址的完整描述，一般指向本站点外的文件。例如，<a href="http://www.sohu.com/index.html"> 搜狐 </a>。
- ➢ 相对路径：相对于当前页面的路径，一般指向本站点内的文件，所以不需要一个完整的 URL 地址的形式。例如，<a href="login/login.htm"> 登录 </a> 表示链接地址为当前页面所在路径的 login 目录下的 login.htm 页面。假定当前页面所在的目录为 D:\root，则链接地址对应的页面为 D:\root\login\login.htm。

另外，站内使用相对路径时常用到两个特殊符号："../" 表示当前目录的上级目录，"../../" 表示当前目录的上上级目录。假定当前页面中包含两个超链接，分别指向上级目录的 web1.html 及上上级目录的 web2.html，如图 1.24 所示。

图 1.24　相对路径

当前目录下 index.html 网页中的两个超链接，即上级目录中 web1.html 及上上级目录中 web2.html，对应的 HTML 代码如下：

```
<a href="../web1.html"> 上级目录 </a>
<a href="../../web2.html"> 上上级目录 </a>
```

注意：

当超链接 href 链接路径为 "#" 时，表示空链接，如 <a href="#"> 首页 </a>。

2．超链接的应用场合

大家在上网时会发现，不同的链接方式有的链接到其他页面，有的链接到当前页面，还有的单击一个链接直接打开邮件。实际上根据超链接的应用场合，可以把链接分为三类。

- ➢ 页面间链接：A 页到 B 页，最常用，用于网站导航。
- ➢ 锚链接：A 页甲位置到 A 页乙位置或 A 页甲位置到 B 页乙位置。
- ➢ 功能性链接：在页面中调用其他程序功能，如电子邮件、QQ、MSN 等。

（1）页面间链接

页面间链接就是从一个页面链接到另外一个页面。例如，示例 10 中有两个页面间链接，分别指向 YL 在线学习平台的首页和 YL 在线学习课程列表，由于两个指向页面均在当前页面下一级目录，因此设置的 href 路径显示目录和文件。

➲ 示例 10

```html
<!DOCTYPE html>
<html>
<head lang="en">
  <meta charset="UTF-8">
  <title> 页面间链接 </title>
</head>
<body>
  <p><a href="http://www.kgc.cn/" target="_blank"> 课工场在线学习平台 </a></p>
  <p><a href="http://www.kgc.cn/mobile" target="_blank"> 课工场移动开发学院 </a></p>
</body>
</html>
```

在浏览器中打开页面，显示效果如图 1.25 所示，单击两个超链接，分别在两个新的窗口中打开页面。

图 1.25　页面间链接

（2）锚链接

锚链接常用于目标页内容很多，需定位到目标页内容中的某个具体位置时。例如，网上常见的新手帮助页面，当单击某个超链接时，将跳转到对应帮助的内容介绍处。这种方式就是前面说的从 A 页面的甲位置跳转到本页中的乙位置，做起来很简单，只需要两个步骤。

1）在页面的乙位置设置标记，语法如下：

```html
<a name="marker"> 目标位置乙 </a>
```

name 为 <a> 标签的属性，marker 为标记名，其功能类似古时用于固定船的锚（或钩），所以也称为锚名。

> 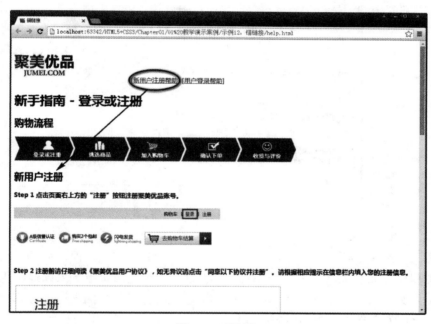 注意：
>
> 　　上面介绍的是用 name 属性来做标记，由于有的标签没有 name 属性，因此还可以使用 id 属性来做标记，其作用与 name 一样，但兼容性更好。

2）设置甲位置链接路径 href 属性值为"# 标记名"，语法如下：

<a href="#marker"> 当前位置甲 </a>

明白了如何实现页面的锚链接，现在来看一个例子——聚美优品网站的新手帮助页面。当单击"新用户注册帮助"链接时将跳转到页面下方"新用户注册"步骤说明相关位置，如图 1.26 所示。

图 1.26　锚链接

上面的例子对应的 HTML 代码如示例 11 所示。

⊃ 示例 11

```
<!-- 省略部分 HTML 代码 -->
<p><img src="image/logo.jpg" width="305" height="104" alt="logo" />
[<a href="#register"> 新用户注册帮助 </a>] [<a href="#login"> 用户登录帮助 </a>]</p>
<h1> 新手指南 - 登录或注册 </h1>
<!-- 省略部分 HTML 代码 -->
<h2><a name="register"> 新用户注册 </a></h2>
<!-- 省略部分 HTML 代码 -->
<h2><a name="login"> 登录 </a></h2>
<!-- 省略部分 HTML 代码 -->
```

上面这个例子是同页面间的锚链接，如果要实现不同页面间的锚链接，即从 A 页面甲位置跳到 B 页面乙位置，如单击 A 页面上的"用户登录帮助"链接，将跳转到帮助页面的对应用户登录帮助内容处，该如何实现呢？实际上实现步骤同页面间的锚链接一样，首先在 B 页面（帮助页面）对应位置设置锚标记，如 <a name="login"> 登录 </a>，然后在 A 页面设置锚链接，假设 B 页面（帮助页面）名称为 help.html，那么锚链接为 <a href="help.html#login"> 用户登录帮助 </a>，实现效果如图 1.27 所示。

图 1.27　不同页面间的锚链接

（3）功能性链接

功能性链接比较特殊，当单击该链接时不是打开某个网页，而是启动本机自带的某个应用程序，如网上常见的电子邮件、QQ、MSN 等链接。接下来以最常用的电子邮件链接为例，当单击"联系我们"邮件链接时，将打开用户的电子邮件程序，并自动填写"收件人"文本框中的电子邮件地址。

电子邮件链接的用法是"mailto: 电子邮件地址"，完整的 HTML 代码如示例 12 所示。

⊃ 示例 12

```
<html>
<head>
  <meta http-equiv="Content-Type" content="text/html; charset=gb2312" />
  <title> 邮件链接 </title>
</head>
<body>
  <p><img src="image/logo.jpg" width="305" height="104" alt="logo" />
  [<a href="mailto:ke@kgc.cn"> 联系我们 </a>] </p>
</body>
</html>
```

在浏览器中打开页面，单击"联系我们"链接，将打开电子邮件编写窗口，如图 1.28 所示。

图 1.28　电子邮件链接

3. 行内元素和块元素

通过前面的介绍，已经认识了 HTML5 的基本标签，除了知道标题标签字体是粗体、字号依次减小，<strong> 标签加粗，<em> 标签斜体等，大家是否发现了这些基本标签的一些特性呢？

观察图 1.29，我们发现如 p 元素、h1 元素等不管自身内容多少，都独占一行，这样的元素称为块元素，可是如 strong 元素、a 元素等这样的元素，宽度由自己的内容决定，其他的元素可以排在它后面，这样的元素称为行内元素。

图 1.29　块元素和行内元素

> 📢 **注意：**
>
> 块元素特性：无论内容多少，该元素独占一行。
>
> 行内元素特性：内容撑开宽度，左右都是行内元素的可以排在一行。
>
> 后面还会学习到更多的块元素和行内元素。

技能训练

上机练习 3：制作京东读书新闻资讯页面

➢ 需求说明

使用学过的图像标签、标题标签、水平线标签、斜体标签、加粗标签、段落标签等制作京东读书新闻资讯页面，主标题使用一级标题标签，副标题使用二级标题标签，二级标题与图片之间使用水平线分隔，完成的页面效果如图 1.30 所示。

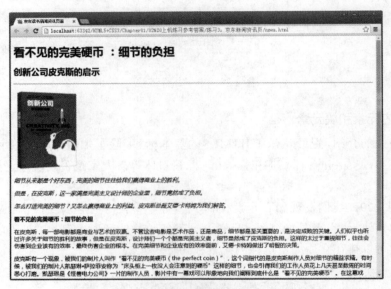

图 1.30 京东读书新闻资讯页面

上机练习 4：制作京东快速购物导航

➢ 训练要点

（1）使用 WebStorm 制作网页。

（2）超链接和锚点链接的应用。

➢ 需求说明

使用学过的标签制作京东快速购物导航页面，单击 F* 链接，页面跳转到对应的版块，完成效果如图 1.31 所示。

➢ 实现思路及关键代码

（1）由于目前还没学习样式，考虑到美观性，因此页面的内容均以图片的方式提供。

（2）F* 使用超链接标签，并把这些超链接放在 <p> 标签中，大概代码如下。

```
<p>
    <a href="#">F1</a>
    <!-- 其余超链接省略 -->
</p>
```

图 1.31　京东快速购物导航

（3）左边主要内容使用 <img> 标签。

（4）把以下代码放到 <head> 标签里。

```
<!-- 附加代码结束 -->
<!-- 本段代码不需要大家掌握，只是为页面好看，后面大家会学习到，目前先不用管 -->
<style>
    p{
        position: fixed;
        right: 5%;
        top: 50%;
        font-size: 40px;
    }
</style>
<!-- 附加代码结束 -->
```

本章总结

➢ HTML5 文件的基本结构包括网页声明、网页基本信息、页面头部和页面主体等。

➢ 编写 HTML 文档时遵守 W3C 标准，W3C 是制定和维护统一的国际化 Web 开发标准的组织。

➢ 网页基本标签包括标题标签 <h1> ～ <h6>、段落标签 <p>、水平线标签 <hr/>、换行标签
 等。

➢ 插入图像时使用标签 <img/>，要求 src 和 alt 属性必选。

> 超链接 <a> 标签用于建立页面间的导航链接,链接可分为页面间链接、锚链接、功能性链接。

本章练习

一、选择题

1. HTML 的基本结构是(　　)。
   A. \<html>\<body>\</body>\<head>\</head>\</html>
   B. \<html>\<head>\</head>\<body>\</body>\</html>
   C. \<html>\<head>\</head>\<foot>\</foot>\</html>
   D. \<html>\<head>\<tittle>\</title>\</head>\</html>

2. 在 HTML 中,(　　)标签可以在页面上显示一条水平线。
   A. \<h2>　　　　B. \<p>　　　　C. \<hr/>　　　　D. \

3. (　　)标签可以实现文本加粗显示。
   A. \<h1>　　　　B. \<strong>　　　　C. \<em>　　　　D. \<a>

4. 在 HTML 中,显示图片与鼠标移至图片上提示文字分别用(　　)。
   A. \<img/> 标签和 alt 属性　　　　B. \<img/> 标签和 title 属性
   C. \<img/> 属性和 \<alt> 标签　　　　D. \<img/> 属性和 \<title> 标签

5. 在 HTML 中,有一个 help.html 页面,此页面中有一个锚标记 \<a name="star"> 明星专区 \</a>,在与 help.html 同级目录下的 index.html 页面中,(　　)能正确地链接到 help.html 页面中 star 锚标记处。
   A. \<a href="#star "> 明星专区 \</a>
   B. \<a href="star "> 明星专区 \</a>
   C. \<a href="mailto:star "> 明星专区 \</a>
   D. \<a href="help.html#star"> 明星专区 \</a>

二、简答题

1. 请写出网页的基本标签、作用和语法。
2. 超链接有哪些类型?它们的区别是什么?
3. 制作聚美优品常见问题页面,页面标题和问题使用标题标签完成,问题答案使用段落标签完成,客服温馨提示部分与问题列表之间使用水平线分隔,完成效果如图 1.32 所示。
4. 制作聚美优品帮助中心菜单列表页面,菜单超链接均设置为空链接,菜单中间使用水平线分隔,完成效果如图 1.33 所示。提示:每行菜单项之间不能用 \
 元素换行,根据块元素和行内元素的特性来选择使用的标签。

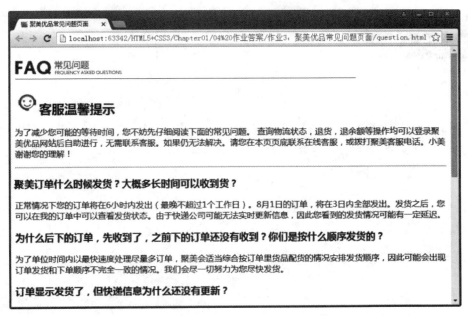

图 1.32　聚美优品常见问题页面

5. 制作滚筒洗衣机销售排行榜，左侧为图片，右侧为图片说明和价格，商品之间使用水平线分隔，完成效果如图 1.34 所示。提示：每行商品之间不能用
 元素换行，根据块元素和行内元素的特性来选择使用的标签。

图 1.33　聚美优品帮助中心菜单列表页面　　　图 1.34　滚筒洗衣机销售排行榜

随手笔记

第2章

列表、表格与媒体元素

▶ 本章重点

- ※ 会使用无序列表、有序列表和自定义列表
- ※ 表格的使用方法
- ※ HTML5 的媒体元素的语法以及应用
- ※ HTML5 的结构元素

▶ 本章目标

- ※ 了解列表的定义以及应用
- ※ 理解列表、表格、媒体元素的应用场景
- ※ 能够使用媒体元素在网页中播放视频、音频
- ※ 掌握 HTML5 结构元素并能够进行网页布局

 **本章任务**

列表在网页制作中占据着重要的地位，许多精美、漂亮的网页中都使用了列表。本章将向大家介绍列表的概念及相关的使用方法，通过练习掌握列表应用的技巧，从而可以制作出精美的网页。对于排列整齐的有行有列的布局，表格是一种不可或缺的数据展示工具，使用表格可以灵活地实现数据展示。随着 HTML5 时代的到来，想要在网页中插入喜欢的音乐，在空间里播放视频都变得非常简单。有没有感受到网页制作的魅力呢？接下来就一一给大家讲解实现这些功能的标签。

学习本章，完成以下 4 个工作任务。记录学习过程中遇到的问题，可以通过自己的努力或访问 kgc.cn 解决。

任务 1：使用列表展示数据

任务 2：使用表格展示数据

任务 3：使用媒体元素在网页中播放视频

任务 4：使用 HTML5 结构元素进行网页布局

任务 1 　使用列表展示数据

列表

进行项目开发，首先要确立的是程序架构的类型。在明确程序架构的基础上才能开展后续开发工作，下面将介绍应用程序架构的划分方式。

1. 列表简介

什么是列表？简单来说，列表就是信息资源的一种展示形式。它可以使信息结构化和条理化，并以列表的样式显示出来，以便浏览者能更快捷地获得相应的信息。图2.1 至图 2.3 所示就是网页中最常见的列表使用形式。

从图中可以发现虽然都是用列表来显示信息，但是有的列表项前面有序号，有的前面没有序号。实际在 HTML5 中的列表可以分为三种类型：无序列表、有序列表、定义列表。它们之间有什么相同点和不同点呢？下面就一一来进行讲解。

2. 列表及其应用

（1）无序列表及其应用

无序列表由 <ul> 标签和 <li> 标签组成，使用 <ul> 标签作为无序列表的声明，使 <li> 标签作为每个列表项的起始，其结构语法如下：

```
<ul>
  <li> 第 1 项 </li>
  <li> 第 2 项 </li>
  <li> 第 3 项 </li>
</ul>
```

全部
内地
韩国
海外
台湾
1 新白娘子传奇 830.0 万
2 原来是美男 822.2 万
3 萌学园 813.5 万
4 终极一家 806.5 万
5 下一站幸福 785.1 万
6 绝代双骄 760.2 万
7 16个夏天 740.0 万
8 哑巴新娘 739.8 万
9 怀玉公主 721.0 万
10 王子变青蛙 716.0 万
11 泡沫之夏 700.0 万
12 钟无艳 698.0 万

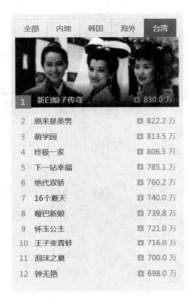

图 2.1　经典视频榜

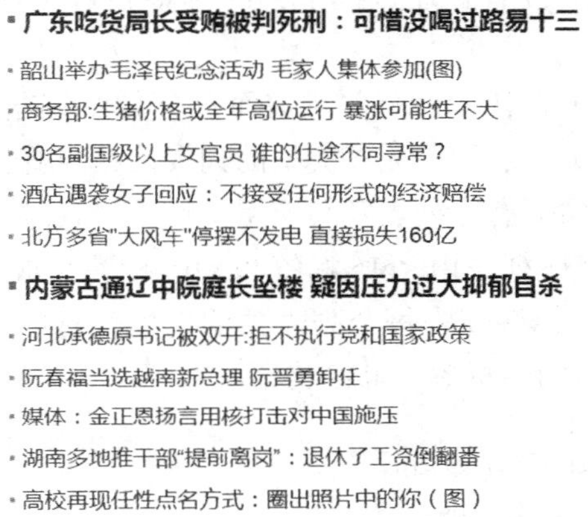

广东吃货局长受贿被判死刑：可惜没喝过路易十三
韶山举办毛泽民纪念活动 毛家人集体参加(图)
商务部:生猪价格或全年高位运行 暴涨可能性不大
30名副国级以上女官员 谁的仕途不同寻常？
酒店遇袭女子回应：不接受任何形式的经济赔偿
北方多省"大风车"停摆不发电 直接损失160亿
内蒙古通辽中院庭长坠楼 疑因压力过大抑郁自杀
河北承德原书记被双开:拒不执行党和国家政策
阮春福当选越南新总理 阮晋勇卸任
媒体：金正恩扬言用核打击对中国施压
湖南多地推干部"提前离岗"：退休了工资倒翻番
高校再现任性点名方式：圈出照片中的你（图）

图 2.2　新闻列表

MV
女人花
迟到的誓言
源动力
Make It Big
不说再见
木
ALWAYS 韩剧太阳的后裔 OST
Try Everything
Shakira
Work
Rihanna / Drake
Talk About Love
I Believe
My Dream
UNIQ

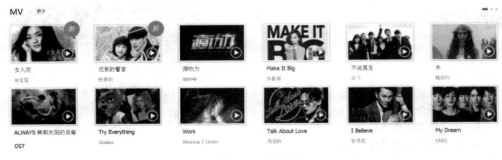

图 2.3　MV 列表

➢　遵循 W3C 标准，<ul> 标签里面只能嵌套 <li> 标签，不能嵌套其他标签。

➢　<li> 标签里面可以嵌套任意标签。

下面的示例 1 是使用无序列表实现的一个新闻热搜的实例（前面已经对 HTML5 文件结构很熟悉了，从本章开始示例中将省略文档声明和编码方式的代码，请按前面的介绍补全）。

➲ 示例 1

```
<body>
  <h3> 热搜 </h3>
```

```
<ul>
    <li> 范冰冰演藏族女孩 </li>
    <li> 撞死两个人后自拍 </li>
    <li> 诗隆甜蜜出游 </li>
    <li> 一线城市楼市退烧 </li>
</ul>
</body>
```

图 2.4　无序列表的页面效果

示例 1 的效果如图 2.4 所示。

无序列表的特性如下：

1）没有顺序，每个 <li> 标签独占一行（块元素）。

2）默认 <li> 标签项前面有个实心小圆点。

3）一般用于无序类型的列表，如导航、侧边栏新闻、有规律的图文组合模块等。

（2）有序列表及其应用

有序列表由 <ol> 标签和 <li> 标签组成，使用 <ol> 标签作为有序列表的声明，使用 <li> 标签作为每个列表项的起始。有序列表嵌套同无序列表一样，只能 <ol> 标签里嵌套 <li> 标签。其结构语法如下：

```
<ol>
    <li> 第 1 项 </li>
    <li> 第 2 项 </li>
    <li> 第 3 项 </li>
</ol>
```

有序列表的代码应用如示例 2 所示。

⊃ 示例 2

```
<body>
<h3> 热搜 </h3>
<ol>
    <li> 范冰冰演藏族女孩 </li>
    <li> 撞死两个人后自拍 </li>
    <li> 诗隆甜蜜出游 </li>
    <li> 一线城市楼市退烧 </li>
</ol>
</body>
```

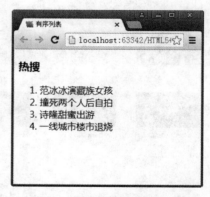

图 2.5　有序列表的页面效果

在浏览器中查看页面效果，如图 2.5 所示。

有序列表的特性如下：

1）有顺序，每个 <li> 标签独占一行（块元素）。

2）默认 <li> 标签项前面有顺序标记。

3）一般用于排序类型的列表，如试卷、问卷选项等。

（3）定义列表及其应用

定义列表是一种很特殊的列表形式，它是标题及列表项的结合。定义列表的语法相对于无序列表和有序列表不太一样，它使用 <dl> 标签作为列表的开始，使用 <dt>

标签作为每个列表项的起始，而对于每个列表项的定义则使用 <dd> 标签来完成。其结构语法如下：

```
<dl>
 <dt> 标题一 </dt>
 <dd> 第 1 项 </dd>
 <dd> 第 2 项 </dd>
 <dt> 标题二 </dt>
 <dd> 第 1 项 </dd>
</dl>
```

定义列表的代码应用如示例 3 所示。

➲ 示例3

```
<body>
<dl>
 <dt> 水果 </dt>
 <dd> 苹果 </dd>
 <dd> 桃子 </dd>
 <dd> 李子 </dd>
 <dt> 蔬菜 </dt>
 <dd> 白菜 </dd>
 <dd> 黄瓜 </dd>
 <dd> 西红柿 </dd>
</dl>
</body>
```

在浏览器中查看页面效果，如图 2.6 所示。

图 2.6　定义列表的页面效果

定义列表的特性如下：

1）没有顺序，每个 <dt> 标签、<dd> 标签独占一行（块元素）。

2）默认没有标记。

3）一般用于 (一个标题下有一个或多个列表项)*n 的情况，可以参考图 2.7。

到这里，已经学习了 HTML5 中三种列表的使用方式，最后总结一下列表常用的一些技巧，包括列表常用场合及列表使用中的注意事项。

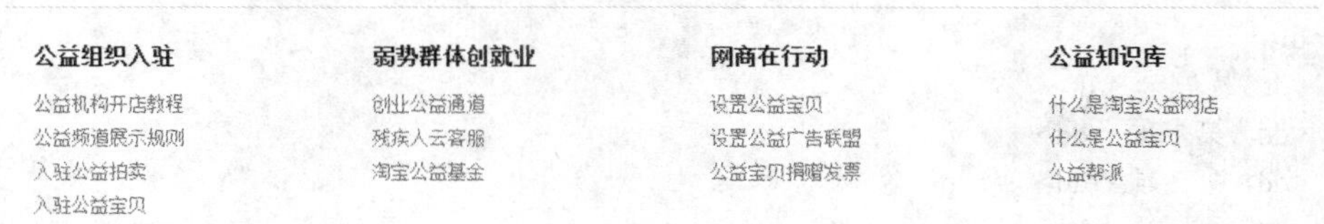
公益组织入驻
公益机构开店教程
公益频道展示规则
入驻公益拍卖
入驻公益宝贝
弱势群体创就业
创业公益通道
残疾人云客服
淘宝公益基金
网商在行动
设置公益宝贝
设置公益广告联盟
公益宝贝捐赠发票
公益知识库
什么是淘宝公益网店
什么是公益宝贝
公益帮派

图 2.7　定义列表使用参考

1）无序列表中的每项都是平级的，没有级别之分，并且列表中的内容一般都是相对简单的标题性质的网页内容。有序列表则会依据列表项的顺序进行显示。

2）在实际的网页应用中，无序列表比有序列表应用得更加广泛，有序列表一般用于显示带有顺序编号的特定场合。

3）定义列表一般适用于带有标题和标题解释性内容的场合。

技能训练

上机练习 1：制作热门活动页

➢　需求说明

（1）使用无序列表制作热门活动页，完成效果如图 2.8 所示。

（2）注意标签嵌套及标签语义化使用。

热门活动
localhost:63342/HTML5+CSS3/Chapter02/01提供
热门活动　　更多
T榜第一期榜单揭晓
推荐活动 | 原创音乐现金榜T榜
唱作才女
暖心回归
推荐节目|《TAImusic》爆笑来袭
继续宠爱张国荣
说好要再见的
不是吗？
推荐歌单 | 继续宠爱张国荣
330金属音乐
推荐活动| 330金属音乐巡演 成都小酒馆音乐空间

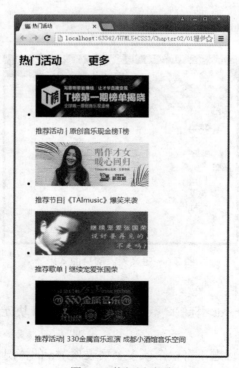

图 2.8　热门活动页

上机练习 2：制作音乐排行榜

➢　需求说明

（1）使用有序列表制作音乐排行榜，完成效果如图 2.9 所示。

（2）注意标签嵌套及标签语义化使用，理解标签语义化。

图 2.9　音乐排行榜

任务 2　使用表格展示数据

表格

先看一看表格的基本结构。表格是由指定数目的行和列组成的，如图 2.10 所示。

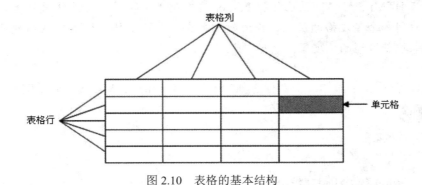

图 2.10　表格的基本结构

1. 单元格

单元格是表格的最小单位，一个或多个单元格纵横排列就组成了表格。

行：一个或多个单元格横向堆叠形成了行。

列：由于表格单元格的宽度必须一致，因此单元格纵向排列形成了列。

2．表格的基本语法

创建表格的基本语法如下：

```
<table>
    <tr>
        <th> 第 1 个单元格的内容 </th>
        <th> 第 2 个单元格的内容 </th>
        ……
    </tr>
    <tr>
        <td> 第 1 个单元格的内容 </td>
        <td> 第 2 个单元格的内容 </td>
        ……
    </tr>
</table>
```

创建表格一般分为四步。

第一步：创建表格标签 <table>…</table>。

第二步：在表格标签 <table>…</table> 里创建行标签 <tr>…</tr>，可以有多行。

第三步：在第一行标签 <tr>…</tr> 里创建单元格标签 <th>…</th>，用于创建表格标题。

第四步：在其他行标签 <tr>…</tr> 里创建单元格标签 <td>…</td>，可以有多个单元格。

为了显示表格的轮廓，一般还需要设置 <table> 标签的 border 边框属性，以指定边框的宽度。

> **注意：**
>
> 在 HTML5 的规范里已经把 border 边框属性废除了，这里使用只是为了让大家看到每个单元格的位置，作为教学需要，后续学习了 CSS 样式后就可以用样式来控制边框的宽度了。

例如，在页面中添加一个 2 行 3 列的表格，对应的 HTML 代码如示例 4 所示。

○ 示例 4

```
<body>
    <table border="2">
        <tr>
            <th>1 行 1 列的标题 </th>
            <th>1 行 2 列的标题 </th>
            <th>1 行 3 列的标题 </th>
        </tr>
        <tr>
            <td>1 行 1 列的单元格 </td>
```

```
        <td>1 行 2 列的单元格 </td>
        <td>1 行 3 列的单元格 </td>
      </tr>
      <tr>
        <td>2 行 1 列的单元格 </td>
        <td>2 行 2 列的单元格 </td>
        <td>2 行 3 列的单元格 </td>
      </tr>
    </table>
</body>
```

在浏览器中查看页面效果，如图 2.11 所示。

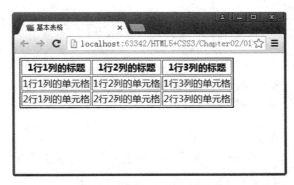

图 2.11　创建基本表格

3. 表格的跨列与跨行

上面介绍了简单表格的创建，而现实中往往需要创建较复杂的表格，有时就需要把多个单元格合并为一个单元格，也就是要用到表格的跨列与跨行功能。

（1）表格的跨列

跨列是指单元格的横向合并，语法如下：

```
<table>
  <tr>
    <td colspan=" 所跨的列数 "> 单元格内容 </td>
  </tr>
</table>
```

图 2.12　跨列的表格

col 为 column（列）的缩写，span 为跨度，所以 colspan 的意思为跨列。

下面通过示例 5 来说明 colspan 属性的用法，对应的页面效果如图 2.12 所示。

● 示例 5

```
<body>
  <table border="1">
    <tr>
      <td colspan="2"> 学生成绩 </td>
```

```
    </tr>
    <tr>
     <td> 语文 </td>
     <td>98</td>
    </tr>
    <tr>
     <td> 数学 </td>
     <td>95</td>
    </tr>
   </table>
  </body>
```

（2）表格的跨行

跨行是指单元格在垂直方向上的合并，语法如下：

```
<table>
 <tr>
   <td rowspan=" 所跨的行数 "> 单元格内容 </td>
 </tr>
</table>
```

row 为行的意思，rowspan 即跨行。

下面通过示例 6 来说明 rowspan 属性的用法，页面对应的效果如图 2.13 所示。

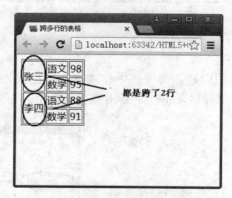

图 2.13　跨行的表格

● 示例 6

```
<body>
  <table border="1">
   <tr>
    <td rowspan="2"> 张三 </td>
    <td> 语文 </td>
    <td>98</td>
   </tr>
   <tr>
    <td> 数学 </td>
    <td>95</td>
   </tr>
```

```
    <tr>
      <td rowspan="2"> 李四 </td>
      <td> 语文 </td>
      <td>88</td>
    </tr>
    <tr>
      <td> 数学 </td>
      <td>91</td>
    </tr>
  </table>
 </body>
```

> **注意：**
>
> 一般而言，跨行或跨列操作时，需要两个步骤。
>
> ① 在需合并的第一个单元格，设置跨列或跨行属性，如 colspan="3"。
>
> ② 删除被合并的其他单元格，即把某个单元格看成多个单元格合并后的单元格。

（3）表格跨列与跨行的综合应用

有时表格中既有跨列又有跨行的情况，从而形成了相对复杂的表格显示，代码如示例 7 所示。

○ 示例7

```
 <body>

  <table border="1">
   <tr>
     <td colspan="3"> 学生成绩 </td>
   </tr>
   <tr>
     <td rowspan="2"> 张三 </td>
     <td> 语文 </td>
     <td>98</td>
   </tr>
   <tr>
     <td> 数学 </td>
     <td>95</td>
   </tr>
   <tr>
     <td rowspan="2"> 李四 </td>
     <td> 语文 </td>
     <td>88</td>
   </tr>
   <tr>
     <td> 数学 </td>
     <td>91</td>
   </tr>
```

```
    </table>
    </body>
```

在浏览器中查看页面效果，如图 2.14 所示。

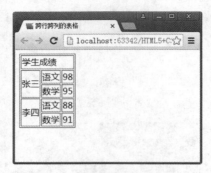

图 2.14　跨列、跨行的综合应用

> **注意：**
>
> 　　跨行和跨列以后，并不改变表格的特点，同行的总高度一致，同列的总宽度一致。因此，表格中各单元格的宽度或高度互相影响，结构相对稳定，但缺点是不能灵活地进行布局控制。

技能训练

上机练习 3：制作流量调查表

➢　训练要点

（1）学会使用表格。

（2）掌握表格跨行与跨列的用法。

（3）学会使用表格嵌套制作页面。

➢　需求说明

使用表格标签制作如图 2.15 所示的流量调查表。

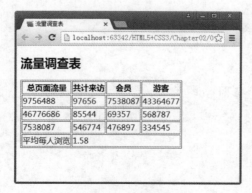

图 2.15　流量调查表

任务 3　使用媒体元素在网页中播放视频

HTML5 的媒体元素

1．媒体元素概述

网络的发展日新月异，用计算机、平板电脑、手机打开网页就可以浏览视频，听音乐。图 2.16 与图 2.17 所示就是常见的视频播放、音频播放的网页。

图 2.16　爱奇艺播放视频

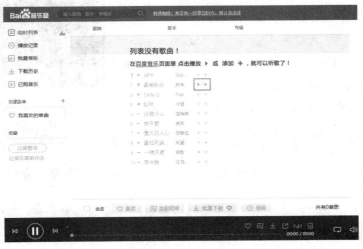

图 2.17　百度音乐盒

在 HTML5 问世之前，要在网页上展示视频、音频、动画等，除了使用第三方自主开发的播放器外，使用最多的工具应该算是 Flash 了，但是它需要在浏览器上安装各种插件才能使用，有时候速度也会非常慢。HTML5 的出现改变了这一状况，在网页中使用 HTML5 来播放音频、视频再也不需要安装插件，只需要一个支持 HTML5 的浏览器就可以了。本章就会介绍 HTML5 中的两个媒体元素——视频元素和音频元素。

2．视频元素

Web 上的视频播放从来都没有一个固定的标准，大多数视频都是通过像 Flash 这样的插件来显示的，不同的浏览器往往拥有不同的插件。HTML5 中的 video 元素是现在播放视频的一种标准方法。

（1）video 元素的基本语法

HTML5 中的 video 元素是用来播放视频文件的，支持 Ogg（Ogg Vorbis 的简写）、MPEG4、WebM 等视频格式，其用法如下：

`<video src=" 视频路径 " controls="controls"></video>`

其中 src 属性用于指定要播放的视频文件的路径，controls 属性用于提供播放、暂停和音量控件；此外，还可以使用 width 和 height 属性设置视频的宽度和高度。

如果浏览器不支持 video 元素，可以在 video 元素中间插入一段文字用于提示，这样，旧的浏览器就可以显示这段文字给用户。具体操作如下：

`<video src=" 视频路径 " controls="controls"> 你的浏览器不支持 video 标签 </video>`

（2）video 元素的应用

下面通过一个完整的示例来演示如何在页面内播放视频。具体代码如示例 8 所示。

⊃ 示例8

```
<body>
<video controls>
    <source src="video/video.webm"/>
    <source src="video/video.mp4"/>
    你的浏览器不支持 video 标签
</video>
</body>
```

示例 8 所示的代码在浏览器中运行效果如图 2.18 所示。可以看到一个比较简单的视频播放器，包含了播放 / 暂停、播放进度条、时间显示、声音大小和全屏等常用控件。

图 2.18　播放视频

示例 8 中的代码有两个地方需要注意。

（1）使用了 source 元素来链接到不同的视频文件，浏览器会自动选择第一个可以识别的格式。

在 video 中虽然可以使用 src 属性链接视频路径，但是只能链接一种格式的视频，很难让每种浏览器都支持这种格式（不同浏览器支持的视频格式如表 2-1 所示）。所以就出现了 source 元素来解决这一问题，source 元素嵌套在 video 里面，并且可以出现多次，每个 source 元素对应一种格式的视频。这样，浏览器会在这些格式中选择自己可以识别的一种来进行播放。

表 2-1 主流浏览器支持的视频格式

视频格式 ＼ 浏览器	IE	Firefox	Opera	Chrome	Safari
Ogg	不支持	3.5+	10.5+	5.0+	不支持
MPEG4	9.0+	不支持	不支持	5.0+	3.0+
WebM	不支持	4.0+	10.6+	6.0+	不支持

（2）在 video 元素中指定 controls 属性可以在页面上以默认的方式进行播放控制。如果不加这个属性，那么视频就不能直接播放。

还有一种方法可以解决在页面内播放视频的问题，即在 video 元素里设置另一个属性 autoplay，具体代码如示例 9 所示。

⊃ 示例 9

```
<body>
<video autoplay>
    <source src="video/video.webm"/>
    <source src="video/video.mp4"/>
    你的浏览器不支持 video 标签
</video>
</body>
```

设置 autoplay 属性后，不需要与用户进行任何交互，视频文件加载完成后就自动播放。所以大部分用户对这个功能很反感，应该慎用。

3. 音频元素

Web 上的音频播放从来都没有一个固定的标准，在访问相关网站时会遇到各种插件，如 Windows Media Player、RealPlayer 等。HTML5 问世后，终于可以使音频播放领域有了统一的标准，让用户告别插件的烦琐。

（1）audio 元素的基本语法

HTML5 中的 audio 元素是用来播放音频文件的，支持 Ogg、MP3、WAV 等音频格式，其语法如下所示：

```
<audio src=" 音频路径 " controls="controls"></video>
```

其中 src 属性用于指定要播放的音频文件的路径，controls 属性用于提供播放、暂停和音量控件，此外，还可以用 width 和 height 属性设置音频的宽度和高度。

如果浏览器不支持 audio 元素，可以在 audio 元素中间插入一段文字用于提示，这样，旧的浏览器就可以显示这段文字给用户。具体操作如下：

```
<audio src=" 音频路径 " controls="controls"> 你的浏览器不支持 audio 标签 </audio>
```

（2）audio 元素的应用

下面通过一个完整的示例来演示如何在页面内播放音频。具体代码如示例 10 所示。

➲ 示例 10

```
<body>
<audio controls>
    <source src="music/music.mp3" />
    <source src="music/music.ogg"/>
</audio>
</body>
```

示例 10 所示的代码在浏览器中的运行效果如图 2.19 所示。可以看到一个比较简单的音频播放器，包含了播放 / 暂停、播放进度条、时间显示、声音大小等常用控件。

图 2.19　播放音频

到这里可以发现视频元素和音频元素的语法及使用都一样，source 元素用来链接到不同的音频文件，浏览器会自动选择第一个可以识别的格式。如表 2-2 所示是主流浏览器对音频格式的支持情况。

表 2-2　主流浏览器对音频格式的支持情况

浏览器 音频格式	IE	Firefox	Opera	Chrome	Safari
Ogg	不支持	3.5+	10.5+	3.0+	不支持
MP3	9.0+	不支持	不支持	3.0+	3.0+
WAV	不支持	4.0+	10.6+	不支持	3.0+

从上面的两个表中可以发现，让主流浏览器都支持视频和音频文件的方法如下：
通过 source 引入的视频文件的格式至少包括 WebM 和 MPEG4、Ogg 和 MPEG4。
通过 source 引入的音频文件的格式至少包括 WAV 和 MP3、Ogg 和 MP3。

技能训练

上机练习 4：制作课工场 Java 精品课导学

➢ 训练要点
（1）学会使用视频元素（video）。
（2）掌握 video 的属性的使用。

> ➤ 需求说明

使用 video 元素制作图 2.20 所示的课工场 Java 精品课导学的视频播放网页。要求：

（1）视频必须在各主流浏览器上都支持。

（2）必须有控制视频播放的控件。

（3）视频循环播放。

图 2.20　课工场 Java 精品课导学

> ➤ 实现思路及关键代码

可以使用 loop 属性实现视频的循环播放。

任务 4　使用 HTML5 结构元素进行网页布局

HTML5 的结构元素

前面已经讲过 HTML 的作用就是用来为网页搭建结构框架的。p 元素、a 元素、ul 元素、li 元素、video 元素等都是网页结构中不可或缺的"砖"和"瓦"，但是一个漂亮的网页并不是把这些"砖""瓦"随便堆叠上去就可以了，它是需要有规矩的布局、排列的。本节就会给大家介绍网页布局的概念，并且使用结构元素来更好地搭建网页框架。

1. 页面布局分析

当要制作一个网页的时候，怎样入手来进行页面布局呢？接下来就对图 2.21 所示的网易邮箱实例进行分析。

图 2.21　网易邮箱

经常容易采用的错误做法如下：对照图 2.21，从上到下地用相应的标签把内容添加进去，例如，文字"163 网易免费邮"会用图片标签 <img> 来写，"中文邮箱第一品牌"会用 <h1> 标签来写，接着后面的文字"免费邮""企业邮箱"等就用 <a> 标签来写……

这样做为什么不对呢？因为这就是上面说的"砖""瓦"的堆叠。

正确的做法：先不要像上面错误做法那样直接就用标签去写内容，而是先分析页面的大体结构。网易邮箱的页面大概分为三块，即页面头部、页面主体、页面底部，如图 2.22 所示。分好结构后再向这几块里加入对应的内容。

可能到这里有人就会疑惑了，为什么要在它外面套层壳再写内容？直接写不是更省事？给大家举个例子，"一个人到超市买了很多东西，他开始一样一样地往家里搬，搬了好久才搬完。另外一个人也买了很多东西，他买了个购物袋，把这些东西放到购物袋中一次性就提回家了"。其实网页布局之所以要先划分结构，就是为了后面更容易地将一大块的内容移动到想要放的位置，而不是每个元素都要分别移动。这样能提高开发效率、降低开发难度。

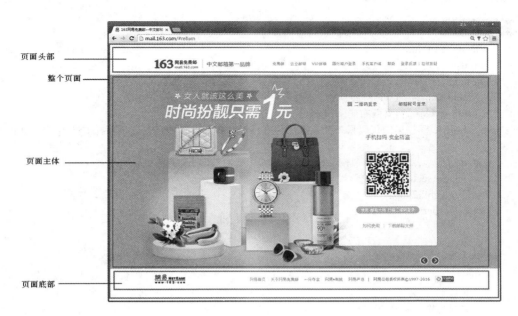

图 2.22　网易邮箱布局分析

注意：

在后面的章节会讲 CSS 的盒模型、浮动、定位等，利用这些技术就可以对页面的这些块进行位置的排序、定位。现在对布局还不能有很深的理解，到时候希望大家再回过头来看看结构布局的知识，以加深对布局的理解。

2. HTML5 的结构元素

通过对网易邮箱页面的分析我们知道在写页面的时候必须先划分结构再写内容，可是用什么元素来表示网页的结构呢？HTML5 提供了几个结构元素来划分网页结构。表 2-3 列出了 HTML5 中具有语义化的结构元素。

表 2-3　HTML5 中的结构元素

元素名	描　　述
header	标题头部区域的内容（用于页面或页面中的一块区域）
footer	标记脚部区域的内容（用于整个页面或页面的一块区域）
section	Web 页面中的一块独立区域
article	独立的文章内容
aside	相关内容或应用（常用于侧边栏）
nav	导航类辅助内容

接下来就用这几个结构元素来布局图 2.22 所示的网易邮箱页面结构。代码如示例 11 所示。

⊋ 示例 11

```
<!DOCTYPE html>
<html>
<head lang="en">
    <meta charset="UTF-8">
    <title> 网易邮箱页面布局 </title>
    <!--style 标签里的代码只是让大家能更好地看到每块元素的位置，后面在 CSS 中会具体讲解
-->
    <style>
        header,section,footer{
            height: 200px;
            border: 1px solid red;
        }
    </style>
</head>
<body>
    <header>
        <h2> 网页头部 </h2>
    </header>
    <section>
        <h2> 网页主体部分 </h2>
    </section>
    <footer>
        <h2> 网页底部 </h2>
    </footer>
</body>
</html>
```

用浏览器显示的效果如图 2.23 所示。

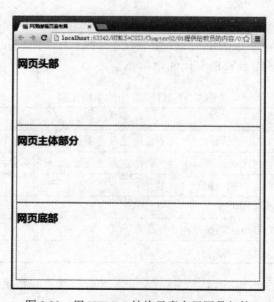

图 2.23　用 HTML5 结构元素布局网易邮箱

这样就能把一个页面的结构划分出来，分别在每块对应的部分添加相应的内容。通过这些有语义化的结构标签不仅可以使网页结构更清晰、明确，还有利于搜索引擎的检索。所以在后续的网页布局中希望大家可以合理利用好这几个结构标签。

article、aside、nav 等元素在示例中虽然没使用，但是希望大家能熟悉它们各自的语义，后续章节中会讲解并使用这些结构元素实现页面布局。

本章总结

- ➢ 无序列表由 <ul> 和 <li> 标签组成，使用无序列表排列的内容没有顺序之分，每个列表项独占一行，列表前默认有实心小黑圆点。
- ➢ 有序列表由 <ol> 和 <li> 标签组成，使用有序列表排列的内容通常顺序显示，每个列表项独占一行。
- ➢ 定义列表由 <dl>、<dt> 和 <dd> 标签组成，通常用于带有标题和标题解释性内容的场合，<dt> 表示标题，<dd> 表示标题注释性内容。
- ➢ 掌握表格的基本使用方法。
  - ◆ 使用 <table>、<tr>、<td> 创建表格。
  - ◆ 制作跨列、跨行的表格。
  - ◆ 跨列：colspan=" 横向跨的单元格数 "。
  - ◆ 跨行：rowspan=" 纵向跨的单元格数 "。
- ➢ 网页中的媒体元素包括 video 视频元素和 audio 音频元素。
- ➢ 媒体元素共有的属性：src（链接地址）、controls（控制播放控件）。
- ➢ 可以让媒体元素在不同浏览器下都支持播放的元素（source）。
- ➢ 语义化结构元素（header、section、article、nav、aside、footer）的使用。

本章练习

一、选择题

1. （　　　）不是有序列表的属性。

　　A．列表项间没有顺序

　　B．每条列表项独占一行

　　C．列表项前面显示数字顺序

　　D．适用于导航、侧边栏新闻、有规律的图文组合模块等

2. 表格的基本语法结构是（　　　）。

　　A．<table><td><tr></tr></td></table>

B．<table><td></tr><tr></td></table>

C．<tr><table><td></td></table></tr>

D．<table><tr><td></td></tr></table>

3．表格各行宽度或高度的特点是（　　　）。（选择两项）

A．各列宽度一致，各行高度也一致

B．各行宽度一致，各列单元格高度也一致

C．同列单元格宽度一致，且垂直对齐

D．同行单元格高度一致，且水平对齐

4．下列标签中不是语义化结构标签的是（　　　）。

A．strong   B．header

C．footer   D．section

5．要在新窗口中打开链接，<a> 标签中需要选用属性（　　　）。

A．target="_top"   B．target="_parent"

C．target="_blank"   D．target="_self"

二、简答题

1．无序列表、有序列表和定义列表适用的场合分别是什么？

2．表格的跨行、跨列分别使用什么属性？要实现一个跨 3 行 2 列的单元格需要哪几个步骤？

3．HTML5 中的媒体元素有哪些？怎样实现不同浏览器都能播放？

4．制作百度知道页面中的"品牌全知道"版块，页面效果如图 2.24 所示。

图 2.24　品牌全知道页面

5．使用 HTML5 的结构元素布局"贵美 . 商城"购物车页面，效果如图 2.25 所示。不需要写页面里的内容，只需要用结构元素写出页面的主要框架结构即可。

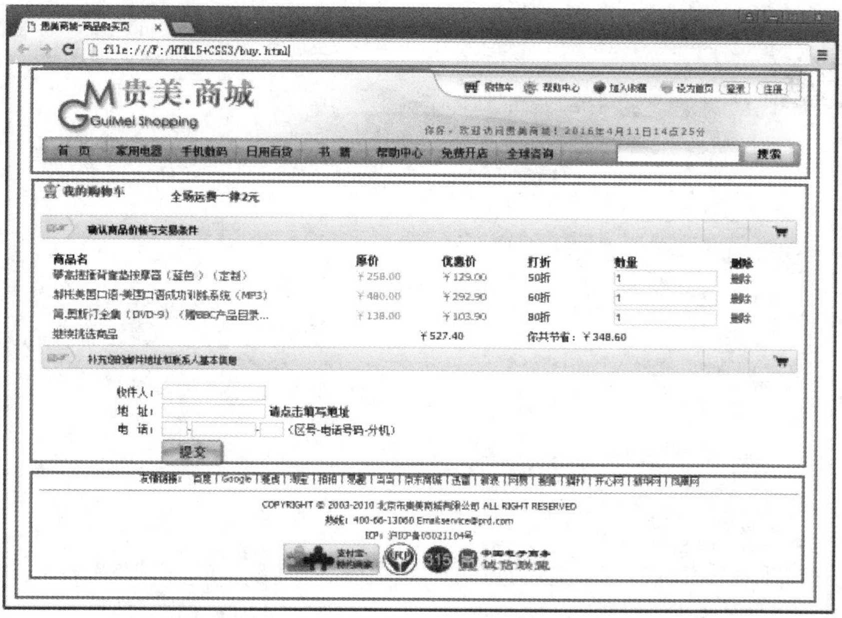

图 2.25 "贵美.商城"购物车页面结构布局

随手笔记

第3章

CSS3 美化网页

▶ 本章重点

- ※ 什么是 CSS 及其在页面中的应用
- ※ 在 HTML 中引入 CSS 样式的方法
- ※ 编辑网页文本、背景以及设置超链接和列表样式
- ※ CSS3 基本选择器和高级选择器

▶ 本章目标

- ※ 了解什么是 CSS 及其应用场景
- ※ 理解引入 CSS 样式的三种方法
- ※ 会使用字体样式、文本样式以及背景等设置网页
- ※ 掌握 CSS3 选择器为页面添加样式的方法

本章任务

学习本章，完成以下 3 个工作任务。记录学习过程中遇到的问题，可以通过自己的努力或访问 kgc.cn 解决。

任务 1：制作团队风采页面

任务 2：制作京东新闻资讯页

任务 3：制作畅销书排行榜页面

任务 1   制作团队风采页面

3.1.1   CSS 概述

在前面几章的学习中，已经学习了使用 HTML 语言搭建网页框架，从本章开始要学习 CSS。首先看图 3.1 所示的 QQ 页面中的"推荐红钻特权"页面，然后回答一个问题，使用前面学习过的 HTML 知识能实现这样的页面效果吗？当然不能，单纯地使用 HTML 标签是不能实现的，如果要实现这样精美的网页就需要借助 CSS。

图 3.1   "推荐红钻特权"页面

通过上面展示的页面，大家已经大致了解了 CSS 的作用了，那么再看图 3.2 和图 3.3 所示的两个页面，分析这两个页面有什么区别。

想必大家已经看出来了，图 3.2 所示的页面非常杂乱，看不出来页面想要表达的内容，这样的页面效果通过前几章的学习完全可以实现。而图 3.3 所示的页面非常清晰、美观，能够一眼看出页面的结构、内容模块，以及页面想要表达的内容。接下来我们的任务就是学习 CSS 然后就可以排版出这么漂亮的网页了。

到了这里，大家会问，既然 CSS 这么重要，那么，什么是 CSS 呢？

图 3.2　没有使用 CSS 的页面　　　　　图 3.3　使用了 CSS 的页面

1.　什么是 CSS

CSS 全称为层叠样式表（Cascading Style Sheet），通常又称为风格样式表（Style Sheet），它是用来进行网页风格设计的。例如，在图 3.3 所示页面下面部分的图片和文本就使用了 CSS 混排效果，非常漂亮，并且很清晰，这就是一种风格。

2.　CSS 在网页中的应用

既然 CSS 可以设计网页风格，那么在网页中，CSS 如何应用呢？通过设立样式表，可以统一地控制 HTML 中各标签的显示属性，如设置字体的颜色、大小、样式等，使用 CSS 还可以设置文本居中显示、文本与图片的对齐方式、超链接的不同效果等，这样层叠样式表可以更有效地控制网页外观。

使用层叠样式表，还可以精确地定位网页元素的位置，美化网页外观，如图 3.4 所示，CSS 在网页中的布局应用在以后的章节中会详细介绍。

图 3.4　百度糯米首页

3．CSS 的发展史

1993 年 6 月超文本标记语言草案一经发布就受到广泛的关注，迅速壮大，成为网页开发的热门语言。可是通过前面章节的学习可以知道，用 HTML 开发出来的页面非常单调、暗淡无光，并且比较臃肿。1994 年，哈坤利（Hakon Wium Lie）为 HTML 语言提出了 CSS 样式表的构想。1995 年，他再一次展开这个建议。W3C 对 CSS 的发展很感兴趣，为此专门组织了一次讨论，于是：

1996 年 12 月推出了 CSS 规范的第一版，即 CSS1.0 版本。

1998 年 5 月 W3C 发布了 CSS 的第二版，即 CSS2.0 版本。CSS2.0 版本规范是基于 CSS1.0 设计的，其中包括了 CSS1.0 的所有功能，还融入了 DIV+CSS 的概念，提出了 HTML 结构与 CSS 样式表分离，以及其他的一些属性。

2004 年 W3C 升级了 CSS2.0 版本，变为 CSS2.1 版本，融入了很多高级的用法，如浮动、定位等属性。

2010 年 W3C 推出了 CSS3 版本，它包括了 CSS2.1 下的所有功能，是目前最新的版本，它向着模块化的趋势发展，又加了很多新技术，如字体、多背景、圆角、阴影、动画等高级属性，但是它需要高级浏览器的支持。

由于现在 IE6、IE7 使用比例已经很少，对市场上的企业进行调研发现使用 CSS3 的频率大幅增加，学习 CSS3 已经成为一种趋势，因此本书会讲解最新的 CSS3 版本。

4．CSS 的优势

以上给出了许多使用 CSS 制作页面的效果图，那么使用 CSS 制作网页还有什么好处呢？下面列举使用 CSS 的优势。

（1）内容与表现分离，即使用前面学习的 HTML 语言制作网页，使用 CSS 设置网页样式、风格，并且 CSS 样式单独存放在一个文件中。这样，HTML 文件引用 CSS 文件就可以了，网页的内容（HTML5）与表现就可以分开了，便于后期 CSS 样式的维护。

（2）表现的统一。CSS 可以使网页的表现统一，并且容易修改。把 CSS 写在单独的文件中，可以对多个网页应用其样式，使网站中的所有页面表现和风格统一，并且修改页面的表现形式时，只需要修改 CSS 样式，所有的页面样式即可同时修改。

（3）丰富的样式，使得页面布局更加灵活。

（4）减少网页的代码量，提高网页的浏览速度，节省网络带宽。在网页中只写 HTML 代码，而在 CSS 样式表中编写样式，这样可以减少页面代码量，并且页面代码更加清晰。同时一个合理的层叠样式表，还能有效地节省网络带宽，提高用户体验。

（5）运用独立于页面的 CSS，还有利于网页被搜索引擎收录。

其实使用 CSS 远不止于这些优点，在以后的学习中，大家会深入地了解 CSS 在网页中的优势。现在进入本章的重点内容，学习 CSS 的基本语法。

3.1.2　CSS3 的基本语法

学习 CSS，首先要学习它的语法，以及如何把它与 HTML 联系起来，达到布局网页、美化页面的效果。下面就来学习 CSS3 的语法结构和如何在页面中应用 CSS 样式。

1. CSS3 的基本语法结构

CSS 和 HTML 一样，都是浏览器能够解析的计算机语言。因此，CSS 也有自己的语法规则和结构。

➢ CSS 规则由两部分构成，即选择器和声明。

➢ 声明必须放在大括号（{ }）中，并且声明可以是一条或多条。

➢ 每条声明由一对属性和值组成，属性和值用冒号分开，每条语句以英文分号结尾。

如图 3.5 所示，h1 表示选择器，"font-size: 12px;"和"color:#F00;"表示两条声明，声明中 font-size 和 color 表示属性，而 12px 和 #F00 则是对应的属性值。font-size 属性表示字体大小，color 属性表示字体颜色。关于这两个属性后面章节会详细讲解。

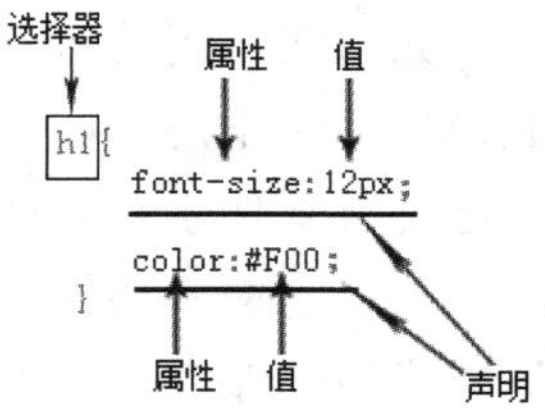

```
选择器    属性    值

h1{
     font-size:12px;

     color:#F00;
  }
属性   值              声明
```

图 3.5　CSS 基础语法

2. 认识 <style> 标签

学习了 CSS 基本语法结构，学会了如何定义 CSS 样式后，那么，怎么将定义好的 CSS 样式应用到 HTML 中呢？这将是本部分要解决的问题。

在 HTML 中通过使用 <style> 标签即可引入 CSS 样式。<style> 标签用于为 HTML 文档定义样式信息，它位于 <head> 标签中，它规定了浏览器中如何呈现 HTML 文档。<style> 标签的用法如图 3.6 所示。

```
<head lang="en">
     <meta charset="UTF-8">
     <title>style标签</title>
     <style>
          h1{
               font-size: 12px;
               color: #F00;
          }
     </style>
</head>
```

图 3.6　<style> 标签的用法

3.1.3　在 HTML 中引入 CSS 样式

从图 3.6 中可以看到，所有的 CSS 样式都是通过 <style> 标签放在 HTML 页面的 <head> 标签中的，但是在实际制作网页时，这种方式并不是唯一的，还有其他两种方式应用 CSS 样式。也就是说，在 HTML 中引入 CSS 样式的方法有三种，分别是行内样式、内部样式表和外部样式表。下面依次学习这三种应用方式及其优缺点和应用场景。

1. 行内样式

行内样式就是在 HTML 标签中直接使用 style 属性设置 CSS 样式。style 属性提供了一种改变所有 HTML 元素样式的通用方法。style 属性的用法如下：

```
<h1 style="color:red;">style 属性的应用 </h1>
<p style="font-size:14px; color:green;"> 直接在 HTML 标签中设置的样式 </p>
```

这种使用 style 属性设置 CSS 样式的方式仅对当前的 HTML 标签起作用，并且是写在 HTML 标签中的。这种方式并不能使内容与表现相分离，本质上没有体现出 CSS 的优势，因此不推荐使用。

2. 内部样式表

正如前面讲到的所有示例一样，把 CSS 代码写在 <head> 标签的 <style> 标签中，与 HTML 内容位于同一个 HTML 文件中，这就是内部样式表。

这种方式便于在页面中修改样式，但不利于在多页面间共享复用代码，以及对页面的维护，对内容与样式的分离也不够彻底。实际开发时，要在页面开发结束后，将这些样式代码保存到单独的 CSS 文件中，才能将样式和内容彻底分离开，即下面介绍的外部样式表。

3. 外部样式表

外部样式表是把 CSS 代码保存为一个单独的样式表文件，文件扩展名为 .css，在页面中引用外部样式表即可。HTML 文件引用外部样式表有两种方式，分别是链接式和导入式。

（1）链接外部样式表

链接外部样式表就是在 HTML5 页面中使用 <link/> 标签链接外部样式表，这个 <link/> 标签放到页面的 <head> 标签内，语法如下所示：

```
<head>
  ……
  <link href="style.css" rel="stylesheet" type="text/css" />
  ……
</head>
```

其中，rel="stylesheet" 是指在页面中使用这个外部样式表；type="text/css" 是指文件的类型是样式表文本；href="style.css" 是文件所在的位置。

外部样式表实现了样式和结构的彻底分离，一个外部样式表文件可以应用于多个页面。当改变这个样式表文件时，所有页面的样式都会随之改变。这在制作大量相同样式页面的网站时，非常有用，不仅减少了重复的工作量，利于保持网站的统一样式和网站维护，同时减少了用户在浏览网页时重复下载代码，提高了网站的运行速度。

⊃ 示例 1

1）把页面中的 CSS 代码单独保存在 CSS 文件夹下的 common.css 样式表文件中，文件代码如下。在 CSS 文件中不需要 <style> 标签，直接编写样式即可。

2）在 HTML 文件中使用 <link/> 标签引用 common.css 样式表文件，代码如下：

```
<!DOCTYPE html>
<html>
<head lang="en">
    <meta charset="UTF-8">
<title> 链接外部样式表 </title>
<link href="css/common.css" rel="stylesheet" type="text/css" />
</head>
<body>
    <h1> 北京欢迎你 </h1>
    <p> 北京欢迎你，有梦想谁都了不起 !</p>
    <p> 有勇气就会有奇迹。</p>
    <p> 北京欢迎你，为你开天辟地 </p>
    <p> 流动中的魅力充满朝气。</p>
</body>
</html>
```

common.css 文件的代码如下：

```
h1 {
    font-size: 20px;
    color: red;
}
p {
    font-size: 16px;
    color: black;
}
```

在浏览器中的预览效果如图 3.7 所示。

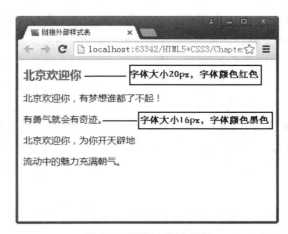

图 3.7　链接外部样式表

（2）导入外部样式表

导入外部样式表就是在 HTML 网页中使用 @import 导入外部样式表。导入样式表的语句必须放在 <style> 标签中，而 <style> 标签必须放到页面的 <head> 标签内，语法如下：

```
<head>
……
  <style>
   <!--
   @import url("common.css");
   -->
  </style>
</head>
```

其中 @import 表示导入文件，前面必须有一个 @ 符号，url("common.css") 表示样式表文件位置。将示例 1 改为使用 @import 导入文件，代码如示例 2 所示。

● 示例 2

```
<html>
<head lang="en">
  <meta charset="UTF-8">
  <title> 导入外部样式表 </title>
  <style>
    @import url("css/common.css");
  </style>
</head>
……
</html>
```

示例 2 在浏览器中的运行效果和图 3.7 一样。

（3）链接式与导入式的区别

以上讲解了两种引用外部样式表的方式，它们的本质都是将一个独立的 CSS 样式表引用到 HTML 页面中，但是两者还是有一些差别，现在看一下两者的不同之处。

1）<link/> 标签属于 XHTML 范畴，而 @import 是 CSS2.1 中特有的。

2）使用 <link/> 链接的 CSS 文件，客户端在浏览网页时先将外部 CSS 文件加载到网页中，再进行编译显示，所以这种情况下显示出来的网页与用户预期的效果一样，即使网速再慢也是一样的效果。

3）使用 @import 导入的 CSS 文件，客户端在浏览网页时先将 HTML 结构呈现出来，再把外部 CSS 文件加载到网页当中，当然最终的效果与使用 <link/> 链接文件效果一样，只是当网速较慢时会先显示没有 CSS 统一布局的 HTML 网页，这样就会给用户很不好的感觉。

综合以上几个方面的因素，大家可以发现，现在大多数网站还是比较喜欢使用链接外部样式表的方式引用外部 CSS 文件的。

3.1.4 编辑网页文本

文字是网页最重要的组成部分，通过文字可以传递各种信息，因此本节将学习使用 CSS 样式设置字体大小、字体类型、文字颜色、字体风格等字体样式，以及设置文本段落的对齐方式、行高、文本与图片的对齐方式，以及文字缩进方式来排版网页。

1．字体样式

字体属性就如前面章节用到的 font-size 属性一样可以给字体设置大小，除此之外字体属性还可以定义字体类型、字体是否加粗、字体风格等。常用的字体属性、含义及用法如表 3-1 所示。

表 3-1   常用字体属性、含义及用法

属性名	含　义	举　例
font-family	设置字体类型	font-family:" 隶书 ";
font-size	设置字体大小	font-size:12px;
font-style	设置字体风格	font-style:italic;
font-weight	设置字体的粗细	font-weight:bold;
font	在一个声明中设置所有字体属性	font:italic bold 36px " 宋体 ";

为了帮助大家深入地理解这几个常用的字体属性，在实际应用中灵活地运用这些字体属性，使网页中的文本发挥最大作用，下面对这几个字体属性进行详细介绍。

（1）字体类型

在 CSS 中字体类型是通过 font-family 属性来控制的。例如，需要将 HTML 中所有 <p> 标签中的英文和中文分别使用 Verdana 和楷体显示，可以通过标签选择器来定义 <p> 标签中元素的字体样式，其样式设置如下：

p{font-family:Verdana," 楷体 ";}

这句代码声明了 HTML 页面中 <p> 标签的字体样式，同时声明了两种字体，分别是 Verdana 和楷体，这样浏览器会优先用英文字体显示文字，如果是英文字体里没有包含的字符（通常英文字体不支持中文），则从后面的中文字体里面找，这样就达到了英文使用 Verdana、中文使用楷体的不同字体效果。

（2）字体大小

在网页中，通过文字的大小来突出主体是非常常用的方法，CSS 是通过 font-size 属性来控制文字大小的，常用的单位是 px（像素），这个单位想必大家并不陌生，在前面章节已经使用许多次了。在 font.css 文件中设置 <h1> 标签字体大小为 24px，<h2> 标签字体大小为 16px，<p> 标签字体大小为 12px，代码如下所示：

body{font-family: Times,"Times New Roman", " 楷体 ";}
h1{font-size:24px;}
h2{font-size:16px;}
p{font-size:12px;}

由于在前面章节对于字体大小的效果已演示很多了，这里不再展示页面效果图。

在 CSS 中设置字体大小还有一些其他的单位，如 in、cm、mm、pt、pc，有时也会用百分比（%）来设置字体大小，但是在实际的网页制作中，这些单位并不常用，因此这里不过多讲解。

（3）字体风格

人们通常会用高、矮、胖、瘦、匀称来形容一个人的外形特点，字体也是一样的，也有自己的外形特点，如倾斜、正常，这些都是字体的外形特点，也就是通常所说的字体风格。

在 CSS 中，使用 font-style 属性设置字体的风格，font-style 属性有三个值，分别是 normal、italic 和 oblique，这三个值分别告诉浏览器显示标准的字体样式、斜体字体样式和倾斜的字体样式，font-style 属性的默认值为 normal。其中 italic 和 oblique 在页面中显示的效果非常相似。

为了观察 italic 和 oblique 的效果区别，在 HTML 页面中标题代码增加 <span> 标签，修改代码如下：

```
<h1> 京东商城——<span> 全部商品分类 </span></h1>
```

在 font.css 中增加字体风格的代码如下：

```
body{font-family: Times,"Times New Roman", " 楷体 ";}
h1{font-size:24px; font-style:italic;}
h1 span{font-style:oblique;}
h2{font-size:16px; font-style:normal;}
p{font-size:12px;}
```

在浏览器中查看的页面效果如图 3.8 所示，标题全部斜体显示，italic 和 oblique 两个值的显示效果有点相似，而 normal 显示字体的标准样式，因此依然显示 <h2> 标准的字体样式。

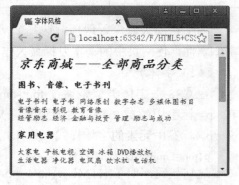

图 3.8　字体风格效果图

（4）字体的粗细

在网页中将字体加粗突出显示，也是一种常用的字体效果。CSS 中使用 font-weight 属性控制文字粗细，重要的是 CSS 可以将本身是粗体的文字变为正常粗细。font-weight 属性的值如表 3-2 所示。

表 3-2　font-weight 属性的值

值	说　明
normal	默认值，定义标准的字体
bold	粗体字体
bolder	更粗的字体
lighter	更细的字体
100、200、300、400、500、600、700、800、900	定义由细到粗的字体，400 等同于 normal，700 等同于 bold

现在修改 font.css 样式表中字体样式，代码如下：

```
body{font-family: Times,"Times New Roman", " 楷体 ";}
h1{font-size:24px; font-style:italic;}
```

h1 span{font-style:oblique; **font-weight:normal;**}
h2{font-size:16px; font-style:normal;}
p{font-size:12px;}
p span{font-weight:bold;}

在浏览器中查看的页面效果如图 3.9 所示，标题后半部分变为字体正常粗细显示，商品分类中的小分类字体加粗显示。font-weight 属性也是 CSS 设置网页字体常用的一个属性，通常用来突出显示字体。希望大家在课下练习使用 font-weight 属性的各种值，并在浏览器中查看效果，以增加对 font-weight 属性的理解。

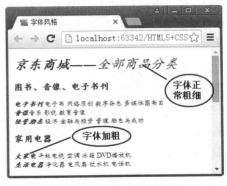

图 3.9　字体粗细效果图

（5）字体属性

在前面讲解的几个字体属性都是单独使用的，实际上在 CSS 中如果对同一部分的字体设置多种字体属性时，需要使用 font 属性来进行声明，即利用 font 属性一次设置字体的所有属性，各个属性之间用英文空格分开，但需要注意这几种字体属性的顺序依次为字体风格→字体粗细→字体大小→字体类型。

例如，在上面的例子中，<p> 标签中嵌套的 <span> 标签设置了字体的类型、大小、风格和粗细，使用 font 属性可表示如下：

p span{font:oblique bold 12px " 楷体 ";}

以上讲解了字体在网页中的应用，这些都是针对文字设置的。在网页实际应用中，可使用广泛的元素，除了字体之外，就是由一个个字体形成的文本，大到网络小说、新闻公告，小到注释说明、温馨提示、网页中的各种超链接等，这些都是互联网中常见的文本形式。

如果要使用 CSS 把网页中的文本设置得非常美观和漂亮，该如何设置呢？这就需要下面的知识——使用 CSS 排版网页文本。

2. 排版网页文本

在网页中，用于排版网页文本的样式有文本颜色、水平对齐方式、首行缩进、行高、文本装饰、垂直对齐方式。常用的文本属性、含义及用法如表 3-3 所示。

表 3-3　常用的文本属性、含义及用法

属性	含义	举例
color	设置文本颜色	color:#00C;
text-align	设置元素水平对齐方式	text-align:right;
text-indent	设置首行文本的缩进	text-indent:20px;
line-height	设置文本的行高	line-height:25px;
text-decoration	设置文本的装饰	text-decoration:underline;

在这几种文本属性中，大家对 color 属性已不陌生，其他的属性对大家来说是全新的内容。下面以课工场网站总裁致辞页面为例，详细讲解并演示这几种属性在网页中的用法。

（1）文本颜色

1）RGB

在 HTML 页面中，颜色统一采用 RGB 格式，也就是通常人们所说的"红绿蓝"三原色模式。每种颜色都由这三种颜色的不同比例组成，按十六进制的方法表示，如"#FFFFFF"表示白色、"#000000"表示黑色、"#FF0000"表示红色。在这种十六进制的表示方法中，前两位表示红色分量，中间两位表示绿色分量，最后两位表示蓝色分量。

RGB 还有一种表示方法 rgb(r,g,b)。以上 R、G、B 三个参数，正整数的取值为 0 ~ 255；百分比的取值为 0% ~ 100%，超出范围值将截取其最近的取值极限。三个参数都不能取负数。

2）RGBA

在 CSS3 中，RGBA 在 RGB 的基础上增加了控制 alpha 透明度的参数，透明通道值为 0 ~ 1，如果是 0，表示完全透明，如果是 1 表示完全不透明。透明度的取值不能是负数。

下面以课工场网站总裁致辞页面为例来演示文本颜色，页面的 HTML 代码如示例 3 所示，页面中的主体内容放在 <p> 标签内，数字均放在 <span> 标签中。

⊃ 示例 3

```
<body>
    <h1> 总裁致辞 </h1>
    <h3> 来源 : 来自课工场 </h3>
    <hr/>
        <p>
        <img src=" 总裁致辞页面 .png" alt=" 高管团队 " width="176" height="108" />
            课工场的培养方向涵盖互联网企业的研发编程、产品运营、视觉创意、运维系统、职业素质和认证考试等 <span>6<span> 大领域，全部内容为课工场自有版权，由课工场认证师资授课设计录制。其涉及技术方向超过 <span>50</span> 个，单元课程超过 <span>1000</span> 门，形成了 <span>120</span> 个模块化课程体系，在线教学课程录制总时长超过 <span>80000</span> 分钟。
        </p>
        <p> 采用教学专家 + 企业专家 + 知名机构的模式。以 <span>100</span> 人师资团队为核心，邀请诸如腾讯、百度、华为、新浪、网易等知名企业专家进行技术分享，向用户人群传授知识。
        </p>
</body>
</html>
```

现在使用 color 属性设置标题字体颜色为蓝色、透明度为 0.5、页面数字颜色为红色，CSS 代码如下：

h1{**color:rgba(0,0,255,0.5);** font-size:24px;}

p{font-size:12px;}

p span{**color:#F00;**}

在浏览器中查看页面效果如图 3.10 所示，标题字体颜色为蓝色，页面数字颜色为红色。

图 3.10　文本颜色效果图

（2）水平对齐方式

在 CSS 中，文本的水平对齐是通过 text-align 属性来控制的，通过它可以设置文本左对齐、居中对齐、右对齐和两端对齐。text-align 属性常用值如表 3-4 所示。

表 3-4　text-align 属性常用值

值	说　　明
left	把文本排列到左边，默认值，由浏览器决定
right	把文本排列到右边
center	把文本排列到中间
justify	实现两端对齐文本效果

通常大家浏览网页新闻页面时会发现,标题居中显示,新闻来源会居中或居右显示,而前面的总裁致辞页面的所有内容均是默认居左显示，现在通过 text-align 属性设置标题居中显示，来源居右显示，致辞内容居左显示，CSS 代码如下：

h1{color:#091CC4; font-size:24px; **text-align:center;**}

h3{**text-align:right;** font-style:normal;}

p{font-size:12px; **text-align:left;**}

p span{color:#F00;}

在浏览器中查看页面效果如图 3.11 所示，各部分内容显示效果与 CSS 设置效果完全一致。

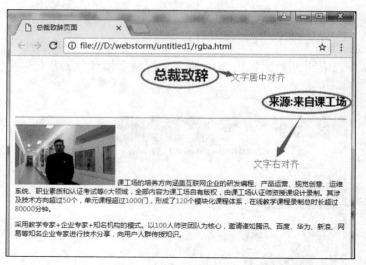

图 3.11　水平对齐效果图

（3）首行缩进和行高

在使用 Word 编辑文档时，通常会设置段落的行距，并且段落的首行缩进两个字符，在 CSS 中也有这样的属性来实现对应的功能。CSS 中通过 line-height 属性来设置行高，通过 text-indent 属性来设置首行缩进。其 CSS 代码如下：

```
h1{color:#091CC4; font-size:24px; text-align:center;}
h3{text-align:right; font:12px normal;}
p{font-size:12px; text-align:left; line-height:28px; text-indent:2em;}
p span{color:#F00;}
```

在浏览器中查看页面效果如图 3.12 所示，每段的开始缩进了两个字符，并且行与行之间有了一定的间隙，看起来舒服多了。

图 3.12　首行缩进和行高的显示效果图

（4）文本装饰

网页中经常会发现一些文字带有下划线、删除线等，这些都是文本的装饰效果。在 CSS 中通过 text-decoration 属性来设置文本装饰。表 3-5 列出了 text-decoration 的常用值。

表 3-5　text-decoration 的常用值

值	说　明
none	默认值，定义的标准文本
underline	设置文本的下划线
overline	设置文本的上划线
line-through	设置文本的删除线

下面通过示例 4 来说明这个属性的使用方法。

⊃ 示例 4

```
<style>
    a:nth-of-type(1){ text-decoration: underline; }
    a:nth-of-type(2){ text-decoration: overline; }
    a:nth-of-type(3){ text-decoration: line-through; }
    a:nth-of-type(4){ text-decoration: none; }
</style>
</head>
<body>
    <a href="#"> 下划线 :underline</a> <br/> <br/>
    <a href="#"> 上划线 :overline</a> <br/> <br/>
    <a href="#"> 删除线 :line-through</a> <br/>  <br/>
    <a href="#"> 无下划线 :none</a> <br/> <br/>
</body>
```

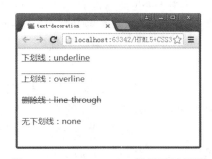

图 3.13　text-decoration 的显示效果图

示例 4 在浏览器中的显示效果如图 3.13 所示。

通过前面学习 HTML 标签，可以得知 a 元素默认就有下划线，可是网页上大多数的 a 元素都没有下划线，所以就要通过设置 text-decoration 属性把它删除。一般情况下 none 和 underline 是常用的两个值。

（5）垂直对齐方式

在 CSS 中通过 vertical-align 属性设置垂直方向对齐方式。在网页实际应用中，通常使用 vertical-align 属性设置文本与图片的居中对齐，此时它的值为 middle，如示例 5 所示设置图片与文本居中对齐。

⊃ 示例 5

```
<html>
<head>
 <title> 垂直对齐方式 </title>
```

```
    <style type="text/css">
    img,span {vertical-align:middle;}
    </style>
</head>
<body>
    <p>
        <img src="image/icon.gif" width="129" height="121" />
        <span> 图片与文本垂直居中对齐 </span>
    </p>
</body>
</html>
```

在浏览器中查看的页面效果如图 3.14 所示，实现了图片与文本的居中对齐。

除了 middle 之外，vertical-align 属性还有其他值，如 top、bottom 等，只是这些值并不常用，因此这里不多做介绍。

图 3.14　图片与文本居中对齐的效果图

（6）文本阴影

在 text-shadow 出现之前，网页中要出现阴影效果主要采用 Photoshop 等绘图工具将其制作成图片再引入页面的方式。不过，这种方式非常麻烦，现在在 CSS3 版本可以使用 text-shadow 属性为文本设置阴影效果，这个属性有两个作用，即产生阴影和模糊主体。这样无须使用图片就能给文本增加质感。语法如下：

text-shadow:color x 轴位移 (x-offset) y 轴位移 (y-offset) 模糊半径 (blur-radius);

text-shadow 属性有四个参数，每个参数都有自己的作用。

1）color：阴影颜色，定义绘制阴影时所使用的颜色，如果不设置这个值，会使用文本的颜色作为阴影的颜色，阴影颜色可以是十六进制颜色、RGB 颜色、RGBA 透明色等。

2）x-offset：X 轴位移，用来指定阴影水平位移量，其值可以是正值或负值，如果为正值，阴影在对象的右边，反之阴影在对象的左边。

3）y-offset：Y 轴位移，用来指定阴影垂直位移量，其值可以是正值或负值，如果为正值，阴影在对象的底部，反之阴影在对象的顶部。

4）blur-radius：阴影模糊半径，代表阴影向外模糊的模糊范围。值越大阴影向外模糊的范围越大，阴影的边缘就越模糊。这个值只能是正值，如果为 0，表示不具有模糊效果。

```
<title> 文本阴影 </title>
<style type="text/css">
    h2{ font-size: 18px; text-shadow: blue 10px 10px 2px; }
</style>
</head>
<body>
  <h2> 七彩大乐透 </h2>
    <p> 七彩第 20170808 期开奖揭晓，具体开奖结果为 7、24、16、2、14、9、22,特别号码为
23。本期希望
```

哪两个号码开出呢？请查询专家号。</p>
</body>
</html>

在浏览器中查看的页面效果如图 3.15 所示。

图 3.15　文本阴影效果

大家可以通过修改 X 轴和 Y 轴的位移量来测试文本阴影的使用。

技能训练

上机练习 1：制作百度音乐标签页面

➢　训练要点

（1）使用字体属性设置字体风格、大小。

（2）使用文本属性设置字体颜色、行距。

（3）使用 <span> 标签。

➢　需求说明

制作图 3.16 所示的百度音乐标签页面（完整的页面效果图见提供的上机练习素材），页面要求如下。

（1）标题字体大小为 18px，字体类型为楷体，加粗显示。

（2）歌手分类显示内容的字体大小为 12px，行高为 20px。

（3）歌手分类的字母序号加粗，红色字体显示；页面中的英文字体为 Times New Roman 或 Times，中文字体为宋体。

图 3.16　百度音乐标签页面的效果图

➢　实现思路及关键代码

（1）使用 color 属性设置字体颜色。

（2）使用 font 属性设置字体类型和字体大小，顺序为字体大小→字体类型，字体类型要先设置英文字体，再设置中文字体；或者使用 font-size 设置字体大小，使用

font-family 设置字体类型。

（3）歌手分类字母序号放在 <span> 标签中，使用 font-weight 设置字体加粗。

（4）CSS 文件单独放在 CSS 文件夹下，使用链接式引用 CSS 文件。

任务 2　制作京东新闻资讯页

设置超链接和列表样式

在任何一个网页上，超链接都是最基本的元素，通过超链接能够实现页面的跳转、功能的激活等，因此超链接也是与用户打交道较多的元素之一，下面介绍如何使用 CSS 设置超链接的样式。

1．超链接伪类

在前面的章节中已经学习了超链接的用法，作为 HTML 中常用的标签，超链接的样式有其显著的特殊性：当为某文本或图片设置超链接时，文本或图片标签将继承超链接的默认样式。如图 3.17 所示，文字添加超链接后将出现下划线，单击前文本颜色为蓝色，单击后文本颜色为紫色，正在单击的超链接为红色。

图 3.17　超链接默认特性

超链接单击前和单击后的不同颜色，其实是超链接的默认伪类样式。所谓伪类，就是不根据名称、属性、内容而根据标签处于某种行为或状态时的特征来修饰样式，也就是说，超链接将根据用户单击访问前、鼠标悬浮在超链接上、单击未释放、单击访问后的四个状态来显示不同的超链接样式。伪类样式的基本语法为"标签名：伪类名 { 声明 ;}"，如图 3.18 所示。最常用的超链接伪类如表 3-6 所示。

图 3.18　伪类样式的基本语法

表 3-6　超链接伪类

伪 类 名 称	含 义	示 例
a:link	单击访问前的超链接样式	a:link{color:#9EF5F9;}
a:visited	单击访问后的超链接样式	a:visited{color:#333;}
a:hover	鼠标悬浮其上的超链接样式	a:hover{color:#FF7300;}
a:active	单击未释放的超链接样式	a:active{color:#999;}

　　既然超链接伪类有四种,那么在对超链接设置样式时,有没有顺序区别? 当然有了,在 CSS 设置伪类的顺序为 a:link → a:visited → a:hover → a:active, 如果先设置 a:hover 再设置 a:visited, 在 IE 浏览器中 a:hover 就不起作用了。

　　现在大家想一个问题,如果设置四种超链接样式,那么页面上超链接的文本样式就有四种,这样就与大家浏览网页时常见的超链接样式不一样了,大家在上网时看到的超链接无论单击前还是单击后样式都是一样的,只有鼠标悬浮在超链接上时样式有所改变,为什么?

　　大家可能想到的是,a:hover 设置一种样式,其他三种伪类设置一种样式。是的,这样设置确实能实现网上常见的超链接设置效果,但是在实际的开发中,是不会这样设置的。实际页面开发中,仅设置两种超链接样式,一种是超链接 <a> 标签选择器样式,另一种是鼠标悬浮在超链接上的样式,代码如示例 6 所示。

● 示例 6

```
<html>
<head>
<style>
    p{font-size: 14px; }
    a{text-decoration: none; }
    a:hover{
        text-decoration: underline;
        color: orange;
    }
</style>
</head>
<body>
    <!-- 图片超链接 -->
    <a href="#" >
        <img src="image/img1.png" alt=" 姑娘 , 欢迎降落在这残酷的世界 " />
```

```
    </a>
    <!-- 文字超链接 -->
    <p><a href="#" > 姑娘，欢迎降落在这残酷的世界 </a></p>
    <p><a href="#" > 作者：一门 </a></p>
    <p> ￥58</p>
    </body>
    </html>
```

在浏览器中查看的页面效果如图 3.19 所示，鼠标悬浮在超链接上时显示下划线，并且字体颜色为橙色，鼠标没有悬浮在超链接上时无下划线，字体颜色默认为蓝色。

<a> 标签选择器样式表示超链接在任何状态下都是这种样式，而之后设置的 a:hover 超链接样式，表示当鼠标悬浮在超链接上时显示的样式，这样既减少了代码量，使代码看起来一目了然，也实现了想要的效果。

图 3.19　超链接样式的效果

2．列表样式

CSS 列表有四个属性来设置列表样式，分别是 list-style-type、list-style-image、list-style-position 和 list-style。其中 list-style-image 属性是使用图像来替换列表项的标记、list-style-position 属性是设置在何处放置列表项的标记，由于这两个属性在实际开发中并不常用，因此在本章中不做详细讲解。使用比较多的是 list-style-type 和 list-style 两个属性，下面就对它们进行详细的讲解。

（1）list-style-type

list-style-type 属性设置列表项标记的类型，常用的属性值如表 3-7 所示。

表 3-7　list-style-type 常用的属性值

值	说明	语法示例	图形示例
none	无标记符号	list-style-type:none;	刷牙 洗脸
disc	实心圆，默认类型	list-style-type:disc;	● 刷牙 ● 洗脸
circle	空心圆	list-style-type:circle;	○ 刷牙 ○ 洗脸
square	实心正方形	list-style-type:square;	■ 刷牙 ■ 洗脸
decimal	数字	list-style-type:decimal;	1. 刷牙 2. 洗脸

（2）list-style

list-style 是简写的方式，表示在一个声明中设置所有列表的属性。list-style 按照

list-style-type → list-style-position → list-style-image 的顺序设置属性值。可是实际使用中会直接使用 list-style 来设置列表无标记符，而把 list-style-position 和 list-style-image 省略不写。

li { **list-style:none**}

➲ 示例 7

```
……
<body>
<h2 class="title"> 全部商品分类 </h2>
<ul>
    <li><a href="#"> 图书 </a>  <a href="#"> 音像 </a>  <a href="#"> 数字
商品 </a></li>
    <li><a href="#"> 家用电器 </a>  <a href="#"> 手机 </a>  <a href="#">
数码 </a></li>
    ……
</ul>
</body>……
```

示例 7 是某购物网站的商品分类导航页面布局，从 HTML 代码中可以看出，页面中 h2 标签里的是标题，<ul> 标签下是商品分类列表。下面就可以为 HTML 结构编写 CSS 样式了。

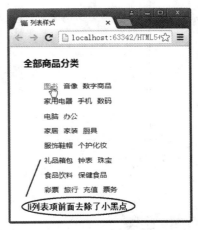

ul li{ **list-style: none;**}

在浏览器中显示的效果如图 3.20 所示。默认无序列表前面会有黑色实心小圆点，可以通过 list-style: none 去除。

图 3.20　列表样式的效果图

上机练习 2：制作京东新闻资讯页

➢　需求说明

制作图 3.21 所示的京东新闻资讯页（完整的页面效果图见提供的上机练习素材），页面要求如下。

1）一级标题字体大小为 22px，字体颜色为 #333，字体类型为 Arial 或宋体，文字水平居中对齐，文字阴影颜色为黑色，透明度是 0.5，X 轴偏移 2px，Y 轴偏移 2px，模糊半径为 2px。

2）副标题字体大小为 18px，字体颜色为 #999，行高为 30px，文字水平居中对齐。

3）段落字体大小为 14px，字体颜色为 #333，字体类型为 Arial 或宋体，行高 1.8 倍，文字首行缩进两个字符。

4）日期部分字体大小为 12px，文字水平居中对齐，行高为 30px，其中时间"17:47"是红色。

5）图片水平居中对齐。

6）使用外部样式表创建页面样式。

图 3.21 京东新闻资讯页

任务 3　制作畅销书排行榜页面

3.3.1　背景样式

大家在上网时能看到各种各样的页面背景（background），有页面整体的图像背景、颜色背景，也有部分的图像背景、颜色背景等。

1. 背景属性

在 CSS 中，背景包括背景颜色（background-color）和背景图像（background-image）两种方式，下面分别来介绍。

（1）背景颜色

在 CSS 中，使用 background-color 属性设置字体、<div>、列表等网页元素的背景颜色。背景颜色值的表示方法与 color 的表示方法一样，也是用十六进制。它有一个特殊值——transparent，即透明，是 background-color 属性的默认值。语法：

background-color:red;

（2）背景图像

在网页中不仅能为网页元素设置背景颜色，还可以使用图像作为某个元素的背景，如整个页面的背景使用背景图像设置。CSS 中使用 background-image 属性设置网页元素的背景图像。

在网页中设置背景图像时，通常会与背景重复（background-repeat）方式和背景定位（background-position）两个属性一起使用，下面详细介绍这几个属性。

1）背景图像

使用 background-image 属性设置背景图像的方式是：

background-image:url(图片路径);

2）背景重复方式

① repeat：沿水平和垂直两个方向平铺。

② no-repeat：不平铺，即背景图像只显示一次。

③ repeat-x：只沿水平方向平铺。

④ repeat-y：只沿垂直方向平铺。

3）背景定位

在 CSS 中，使用 background-position 属性来设置图像在背景中的位置。即背景出现一定的偏移量。可以使用具体数值、百分比、关键词三种方式来表示水平和垂直方向的偏移量，如表 3-8 所示。

表 3-8　background-position 属性对应的取值

值	含　义	示　例
Xpos Ypos	使用像素值表示，第一个值表示水平位置，第二个值表示垂直位置	（1）0px 0px（默认，表示从左上角出现背景图像，无偏移）； （2）30px 40px（正向偏移，图像向下和向右移动）； （3）-50px -60px（反向偏移，图像向上和向左移动）
X% Y%	使用百分比表示背景的位置	30% 50%（垂直方向居中，水平方向偏移 30%）
X、Y 方向关键词	使用关键词表示背景的位置，水平方向的关键词有 left、center、right，垂直方向的关键词有 top、center、bottom	使用水平和垂直方向的关键词进行自由组合，如省略，则默认为 center。例如： right top（右上角出现）； left bottom（左下角出现）； top（上方水平居中位置出现）

（3）背景

如同之前讲解过的 font 属性在 CSS 中可以把多个属性综合声明一起实现简写一样，背景样式的 CSS 属性也可以简写，即使用 background 属性简写背景样式。

上面在类 title 样式中声明导航标题的背景颜色和背景图像使用了四条规则，使用 background 属性简写后的代码如下。

```
.title {
    font-size:18px;
```

```
        font-weight:bold;
        color:#FFF;
        text-indent:1em;
        line-height:35px;
        background:#C00 url(../image/arrow-down.gif) 205px 10px no-repeat;
    }
```

从上述代码中可以看到，使用 background 属性可以减少许多代码，在后期的 CSS 代码维护中会非常方便，因此建议使用 background 属性来设置背景样式。

2. 背景尺寸

背景是 CSS 中使用频率很高的一个属性，可以帮助 Web 设计师实现一些特殊的效果，但是有时候 CSS 中提供的 background 功能无法满足设计师的需求。例如，设计师想直接对背景图片的大小进行控制。接下来就详细介绍在 CSS3 中新添加的属性 background-size 的使用，背景图像默认显示效果如图 3.22 所示。

（1）auto

首先来看第一种效果，当 background-size 取值为 auto 时，代码如下：

```
div {
    width: 200px;
    height: 130px;
    border: 1px solid red;
    background: url("img/bg_flower.gif") no-repeat;
    background-size: auto;
}
```

显示效果如图 3.23 所示。对比图 3.22 和图 3.23 可以发现，设置了 auto 后背景图片没有发生任何变化。auto 值的作用就是使背景图片保持原样，是默认值。

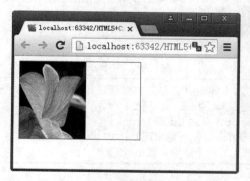

图 3.22　背景图像默认显示

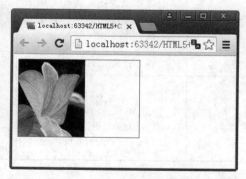

图 3.23　background-size 取值为 auto 的效果

第二种情况在前面的基础上修改，把 background-size 的 auto 设置为固定的像素值，例如：

```
div {
    ......
    background-size: 120px  60px;
}
```

这个时候 div 元素的背景图片就不是默认的尺寸了，而是宽为 120px、高为 60px，同时背景图片由于拉伸造成了失真。显示效果如图 3.24 所示。

如果把 background-size 的第二个值 60px 去掉，此时就相当于"120px auto"，这时背景图片的高度就会根据宽度做一定比例的计算，显示效果如图 3.25 所示。

图 3.24　background-size 取固定像素的效果　　图 3.25　background-size 取一个值的效果

（2）percentage

除了数字和单位标识符组成的长度之外，background-size 还可以使用 0% ～ 100% 的值。当使用百分值时，不是相对于背景的尺寸大小来计算的，而是相对于元素宽度来计算的。例如，div 宽度是 200px，当 background-size 取值为 (50%,80%) 时，此时背景图片的尺寸变成宽度 100px（200px×50%），同理高度为 104px（130px×80%），显示效果如图 3.26 所示。

图 3.26　background-size 取百分比的效果

（3）cover

当 background-size 取值为 cover 时代码如下：

```
div {
    ……
    background-size: cover;
    }
```

显示效果如图 3.27 所示。背景图片放大填充了整个 div。

有一个细节需要注意，放大后的背景图片显示的不是正中间。为了让背景图片放大后在中间显示，需要在元素中设置 background-position 为 center，效果如图 3.28 所示。

图 3.27 background-size 取 cover 的效果　图 3.28 background-size 制作全屏背景的效果

> 📖 经验：
>
> background-size: cover 配合 background-position: center 常用来制作满屏背景效果。唯一的缺点是需要制作一张够大的背景图片，否则在较大分辨率浏览器下会导致背景图片失真。

（4）contain

background-size 还有一种取值为 contain，可以让背景图片保持本身的宽高比例，将背景图片缩放到宽度或者高度正好适应所定义背景的区域，其代码如下：

```
div {
    ……
    background-size: contain;
}
```

显示效果如图 3.29 所示。整个背景根据背景区域对背景图片进行了宽高比例的缩放，和 cover 值不同，contain 在某些情况下无法让背景图片填充整个容器的大小，而相同之处是在背景图片没处理好时，也会使背景图片失真。

图 3.29 background-size 取 contain 的效果

> 💬 总结：
>
> 通过上面的学习可以知道，只有当 background-size 值为默认值 auto 时，背景图片才不会失真，其他的值都有可能使背景图片失真，所以使用的时候需要仔细考虑，以免带来不良后果。

3. CSS3 渐变

（1）浏览器对 CSS3 渐变的兼容性

前面章节说过部分 CSS3 属性会存在兼容问题，在使用 CSS3 渐变之前，先看看它对浏览器的支持情况如何？具体如表 3-9 所示。

表 3-9　CSS3 渐变的浏览器兼容性

属性名	IE	Firefox	Chrome	Opera	Safari
Gradient	10+	19.0+	26.0+	12.1+	5.1+

（2）CSS3 线性渐变

线性渐变是颜色沿着一条直线过渡：从左到右、从右到左、从上到下等。CSS3 制作渐变效果其实和制作软件中的渐变没什么区别，首先指定一个渐变的方向、起始颜色、结束颜色。具有这三个参数就可以制作一个简单的、普通的渐变效果。

从表 3-10 中可以知道浏览器对渐变的支持情况，由于每种浏览器内核都不一样，它们实现渐变的语法与前面学过的 CSS 属性会有点差别，需要加上每种浏览器对应的前缀，才能让相应的浏览器支持。

> 💬 **总结：**
>
> IE 浏览器是 Trident 内核，在写样式兼容的时候要加前缀：-ms-。
> Chrome 浏览器是 Webkit 内核，在写样式兼容的时候要加前缀：-webkit-。
> Safari 浏览器是 Webkit 内核，在写样式兼容的时候要加前缀：-webkit-。
> Opera 浏览器是 Blink 内核，在写样式兼容的时候要加前缀：-o-。
> Firefox 浏览器是 Mozilla 内核，在写样式兼容的时候要加前缀：-moz-。
> 后面还会学到其他CSS3 属性也要在属性前面加浏览器前缀才能获得相应的支持，这五大主流浏览器的前缀内核后续用到时将不再详细说明。

常规语法如下：

linear-gradient (position, color1, color2,…)

前面说过渐变需要加浏览器前缀，所以如果是要兼容 Webkit 内核的浏览器，语法如下：

-webkit-linear-gradient (position, color1, color2,…)

同理，要想支持其他内核浏览器只需把相应的前缀加上即可。这里不一一写出来。

CSS3 渐变的具体使用如示例 8 所示。

⊃ 示例 8

```
<head>
<style>
    div {
        width: 100px;
        height: 100px;
```

```
        background: linear-gradient(to top, orange, blue);
        background: -webkit-linear-gradient(to top, orange, blue);
    }
  </style>
</head>
<body>
<div></div>
</body>
```

在浏览器中的显示效果如图 3.30 所示。

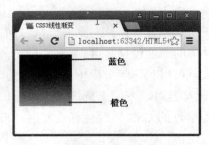

图 3.30   实现 to top 的渐变效果

在示例中渐变的方向使用的是 to top 关键字，表示第一种颜色向第二种颜色渐变的方向是从底部到顶部，还可以设置其他的渐变方向。

to bottom：第一种颜色向第二种颜色渐变的方向是从顶部到底部。

to left：第一种颜色向第二种颜色渐变的方向是从右边到左边。

to right：第一种颜色向第二种颜色渐变的方向是从左边到右边。

to top left：第一种颜色向第二种颜色渐变的方向是从右下方到左上方。

to top right：第一种颜色向第二种颜色渐变的方向是从左下方到右上方。

to bottom left：第一种颜色向第二种颜色渐变的方向是从右上方到左下方。

to bottom right：第一种颜色向第二种颜色渐变的方向是从左上方到右下方。

上机练习 3：制作畅销书排行榜页面

➤   训练要点

（1）使用 WebStorm 制作网页。

（2）设置页面的背景渐变颜色。

（3）设置背景图片尺寸。

（4）使用 CSS 设置超链接样式。

（5）使用 CSS 设置列表样式。

（6）使用结构伪类选择器。

➤   需求说明

制作图 3.31 所示的畅销书排行榜页面（页面的背景颜色、字体颜色等参见提供的上机练习素材中的页面效果图），页面要求如下：

　　（1）标题字体大小为 16px、白色、向内缩进一个字符，行距为 30px，背景为绿色（#518700），"榜"字以背景图片方式实现，并且背景尺寸按照自身宽高比例缩放去填充容器。

　　（2）列表内容使用无序列表 <ul> 实现，列表前的图标使用背景图片的方式实现，使用结构伪类选择器选择每个列表项并设置背景图片，列表内容背景颜色使用线性渐变（#F9FBCB,#F8F8F3），字体大小为 12px，行距为 28px，超链接文本字体颜色为 #1A66B3，无下划线，当鼠标移至超链接文本上时字体颜色不变，显示下划线。

图 3.31　畅销书排行榜页面的效果图

➢　实现思路及关键代码

　　（1）使用 list-style-type 属性设置列表无标记符号。

　　（2）使用背景属性设置列表的图标样式，列表内容向内缩进两个字符。

　　（3）使用 linear-gradient 实现线性渐变。

　　（4）使用 background-size 来改变背景图片尺寸。

3.3.2　CSS3 的基本选择器

　　选择器（selector）是 CSS 中非常重要的概念，所有 HTML 语言中的标签样式，都是通过不同的 CSS 选择器进行控制的。用户只需要通过选择器，就可以对不同的 HTML 标签进行选择，并赋予各种样式声明，即可以实现各种效果。上面我们学过的选择器如 p、h2 等，有的时候并不能完全准确表达出我们要选择的元素，所以接下来还会介绍更多功能更强大的选择器让大家更方便、准确、快速地选择元素进行样式操作。

1．CSS3 的基本选择器

　　在 CSS 中，有三种最基本的选择器，分别是标签选择器、类选择器和 ID 选择器，下面分别进行详细介绍。

　　（1）标签选择器

　　一个 HTML 页面由很多标签组成，如 <h1> ～ <h6>、<p>、<img/> 等，CSS 标签

选择器就是用来声明这些标签的。每种 HTML 标签的名称都可以作为相应的标签选择
器的名称。例如，h3 选择器用于声明页面中所有 <h3> 标签的样式风格。同样，可以
通过 p 选择器来声明页面中所有 <p> 标签的样式风格，示例 9 声明了 <h3> 和 <p> 标
签选择器。

➲ 示例 9

```html
<html>
<head lang="en">
  <meta charset="UTF-8">
  <title> 标签选择器的用法 </title>
  <style type="text/css">
    h3{
       color:#090;
    }
    p{
       font-size:16px;
       color:red;
    }
  </style>
</head>
<body>
  <h3> 北京欢迎你 </h3>
  <p> 北京欢迎你，有梦想谁都了不起！</p>
  <p> 有勇气就会有奇迹。</p>
</body>
</html>
```

示例 9 中的 CSS 代码声明了 HTML 页面中所有的 <h3> 标签和 <p> 标签。<h3>
标签中字体颜色为绿色；<p> 标签中字体颜色为红色，大小都为 16px。每个 CSS 选择
器都包含选择器本身、属性和值，其中，属性和值可以设置多个，从而实现对同一个
标签声明多种样式风格，CSS 标签选择器的语法结构如图 3.32 所示。在浏览器中打开
页面，效果如图 3.33 所示，从页面效果图中可以看到，标签选择器声明之后，立即对
HTML 中的标签产生作用。

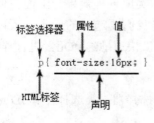

图 3.32　标签选择器

图 3.33　标签选择器效果图

标签选择器是网页样式中经常用到的，通常用于直接设置页面中的标签样式。例如，

页面中有 <h1>、<h4>、<p> 标签，如果相同的标签内容的样式一致，那么使用标签选择器就非常方便了。

（2）类选择器

可以看到，标签选择器一旦声明，那么页面中所有的该标签，都会相应地发生变化。例如，当声明了 <p> 标签为红色时，页面中所有的 <p> 标签都将显示为红色。如果希望其中的某个 <p> 标签不是红色，而是绿色，仅依靠标签选择器是不够的，还需要引入类（class）选择器。

类选择器的名称可以由用户自定义，必须符合 CSS 规范，属性和值跟标签选择器一样，类选择器的语法结构如图 3.34 所示。

设置了类选择器后，就可以在 HTML 标签中应用类样式。使用标签的 class 属性引用类样式，即 < 标签名 class=" 类名称 "> 标签内容 </ 标签名 >。

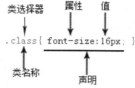

图 3.34　类选择器的语法结构

例如，要使示例 9 中的两个 <p> 标签中的文本分别显示不同的颜色，就可以通过设置不同的类选择器来实现，代码如示例 10 所示，增加了 green 类样式，并在 <p> 标签中使用 class 属性应用了类样式。

> **注意：**
>
> CSS 选择器命名规范：
> ➢ 使用小写英文字母。
> ➢ 不要和 ID 选择器同名。
> ➢ 使用具有语义化的单词命名。
> ➢ 长名称或词组可以使用驼峰命名方式。

⊃ 示例 10

```
<html>
<head lang="en">
  <meta charset="UTF-8" />
  <title> 类选择器的用法 </title>
  <style type="text/css">
    h3{color:#090;}
    p{
      font-size:16px;
      color:red;
    }
    .green{
      font-size:20px;
      color:green;
    }
  </style>
```

```
</head>
<body>
    <h3> 北京欢迎你 </h3>
    <p> 北京欢迎你，有梦想谁都了不起 !</p>
    <p class="green"> 有勇气就会有奇迹。</p>
</body>
</html>
```

在浏览器中打开页面，效果如图 3.35 所示，由于第二个 <p> 标签应用了类样式 green，它的文本字体颜色变为绿色，并且字体大小为 20px；而第一个 <p> 标签没有应用类样式，因此它直接使用标签选择器，字体颜色依然是红色，字体大小为 16px。

图 3.35　类选择器效果图

类选择器是网页中最常用的一种选择器，设置了一个类选择器后，只要页面中某个标签中需要相同的样式，直接使用 class 属性调用即可。类选择器在同一个页面中可以频繁地使用，应用起来非常方便。

（3）ID 选择器

ID 选择器的使用方法与类选择器基本相同，不同之处在于 ID 选择器只能在 HTML 页面中使用一次，因此它的针对性更强。在 HTML 的标签中，只要在 HTML 中设置了 id 属性，就可以直接调用 CSS 中的 ID 选择器。ID 选择器的语法结构如图 3.36 所示。

下面举一个例子看看 ID 选择器在网页中的应用。设置两个 id 属性，分别为 first 和 second，在样式表中设置两个 ID 选择器，代码如示例 11 所示。

⊃ 示例 11

```
<html>
<head lang="en">
    <meta charset="UTF-8" />
    <title>ID 选择器的应用 </title>
    <style type="text/css">
        #first{font-size:16px;}
        #second{font-size:24px;}
    </style>
```

```
</head>
<body>
<h1> 北京欢迎你 </h1>
    <p id="first"> 北京欢迎你，有梦想谁都了不起！</p>
    <p id="second"> 有勇气就会有奇迹。</p>
    <p> 北京欢迎你，为你开天辟地 </p>
    <p> 流动中的魅力充满朝气。</p>
</body>
</html>
```

在浏览器中打开的页面效果如图 3.37 所示，由于第一个 <p> 标签设置了 id 为 first，它的字体大小为 16px；第二个 <p> 标签设置了 id 为 second，它的字体大小为 24px。由此例可以看到，只要在 HTML 标签中设置了 id 属性，那么此标签可以直接使用 CSS 中对应的 ID 选择器。

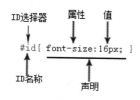

图 3.36　ID 选择器　　　　　　　　图 3.37　ID 选择器的效果图

ID 选择器与类选择器不同，同一个 id 属性在同一个页面中只能使用一次，尽管如此，它在网页中也是经常用到的。例如，在布局网页时，页头、页面主体、页尾或者页面中的菜单、列表等通常使用 id 属性，这样看到 id 名称就可以知道此部分的内容，使页面代码具有非常高的可读性。

本章总结

➢ CSS 在网页的应用和它的优势。

➢ CSS 语法规则，在 HTML 中引入 CSS 样式的三种方法。

➢ 使用 CSS 的字体样式设置字体的大小、类型、风格、粗细等。使用 CSS 的文本样式设置文本的颜色、对齐方式、首行缩进、行距、文本装饰、文本阴影等。

➢ 使用 CSS 的超链接样式设置伪类超链接在不同状态下的样式。

➢ 使用 CSS 的列表属性设置列表项的类型。

> 使用 CSS 的背景属性设置页面背景颜色、背景图片、背景尺寸。
> 使用 CSS 的线性渐变制作网页渐变效果。
> CSS3 的基本选择器包括标签选择器、类选择器和 ID 选择器。

本章练习

一、选择题

1. 下列 CSS 语法结构，完全正确的是（   ）。
   A．p{font-size:12; color: red;}
   B．p{font-size:12; color:# red;}
   C．p{font-size:12px; color: red;}
   D．p{font-size:12px; color:# red;}

2. 在 HTML 中使用（   ）标签引入 CSS 内部样式表。
   A．<style>   B．<p>   C．<link/>   D．<strong>

3. （   ）不是 CSS 的选择器。
   A．ID 选择器   B．标签选择器
   C．类选择器   D．颜色选择器

4. 在下面的 CSS 样式中，（   ）表示后代选择器。
   A．p strong{font-size:12px;}   B．h1.txt{color:red;}
   C．h1,.txt,li{color:red;}   D．#end{font-size:14px;}

5. 在 HTML 中使用 <link/> 标签链接的样式表是（   ）。
   A．行内样式表   B．内部样式表
   C．外部样式表   D．导入式样式表

6. 在 CSS 中，能够去掉项目列表符号的属性是（   ）。（选择两项）
   A．list-style-image 属性   B．list-style-position 属性
   C．list-style 属性   D．list-style-type 属性

7. 已知项目列表项的背景图像为 image 文件夹下的 dot.gif，背景图像向右向下分别偏移 5px、3px，不重复显示，且背景颜色为 #8DB6A5，则下列代码正确的是（   ）。
   A．li {background:#8DB6A5 url(image/dot.gif) 5px 3px no-repeat; }
   B．li {background: url(image/dot.gif) -3px -5px no-repeat #8DB6A5; }
   C．li {background:#8DB6A5 url(image/dot.gif) -5px -3px no-repeat; }
   D．li {background:#8DB6A5 url(image/dot.gif) 3px 5px no-repeat; }

8. 在 CSS 中，（   ）属性用来设置文本的行距。
   A．font-size   B．line-height   C．background   D．text-align

9. 在 CSS 中，（   ）属性用来设置段落的首行缩进。

A．text-indent
B．text-decoration
C．text-align
D．font-style

10．将 <p> 标签中的文字大小设置为 18px，颜色设置为 #336699，文本有删除线，则下列 CSS 正确的是（　　　）。

A．p{font-size:18px; color:#336699; text-decoration:overline;}

B．p{font-size:18px; color:#369; text-decoration: line-through;}

C．p{font-size:18px; color:#336699; text-decoration:underline;}

D．p{font-size:18px; color:#369; text-decoration:blink;}

二、简答题

1．使用 CSS 制作网页有哪些优势？

2．使用 <style> 标签和 style 属性引入 CSS 样式有哪些相同点和不同点？

3．说明 E F:nth-child(n) 和 E F:nth-of-type(n) 两种选择器的区别及其各自的使用场景。

4．制作图 3.38 所示的课工场总裁致辞页面，页面要求如下：

图 3.38　总裁致辞页面效果图

（1）标题使用标题标签实现，字体大小为 18px。

（2）致辞正文字体大小为 12px，页面中的数字均为加粗、红色字体。

（3）页面中的年份斜体显示，字体大小为 16px，字体颜色为蓝色。

（4）使用外部样式表创建页面样式，页面样式要能体现高级选择器的应用。

5．制作图 3.39 所示的员工团队风采页面，页面要求如下：

（1）标题使用标题标签实现，字体大小为 18px，第一个标题的字体颜色为红色，第二个标题的字体颜色为绿色，第三个标题的字体颜色为蓝色，第四个标题的字体颜色为灰色（#666）。

（2）页面字体大小为 14px。

（3）第三个标题下面的两张图片宽度为 300px，高度为 200px。

（4）最后一段文字的颜色是蓝色。

（5）"联系我们"等内容字体大小 14px，颜色为 #640000。

（6）CSS 样式要体现标签选择器、类选择器、ID 选择器、层次选择器、结构伪类选择器、属性选择器。

（7）使用自定义列表对部分图片布局。具体参照图 3.39。

（8）使用外部样式表创建页面样式。完整页面显示效果见图 3.39。

图 3.39　员工团队风采页面

6．制作图 3.40 所示的课工场课程介绍页面（页面效果参见提供的上机练习素材中的页面效果图），页面要求如下：

（1）使用 <div>、<p>、<span> 等标签编辑页面，页面整体背景颜色使用线性渐变（#ECECEC,#FFFFED）。

（2）课程特色字体颜色为绿色（#5C9815），设计理念字体颜色为橙色（#F26522）。

（3）课程特色和设计理念每行开头带背景颜色的字体为白色，背景颜色从提供的作业素材的页面效果图中获取，使用结构伪类选择器元素。

（4）使用外部样式表创建页面样式。

7．制作图 3.41 所示的席幕容的诗《初相遇》（页面效果参见提供的上机练习素材中的页面效果图），页面要求如下：

（1）页面总宽度为 400px，整体背景颜色使用线性渐变（#CAEFFE,#FFFFED）。

（2）使用 <h1> 标签排版文本标题，字体大小为 18px，黑色文字阴影。

（3）使用 <p> 标签排版文本正文，首行缩进为 2em，行高为 22px。

（4）首段第一个"美"字，字体大小为 18px、加粗显示，黑色和白色文字阴影，具体方向参考素材效果图。第二段中的"胸怀中满溢……在我眼前"字体风格为倾斜，颜色为蓝色，字体大小为 16px。正文其余文字大小为 12px。

（5）最后一段文字带下划线。

（6）使用外部样式表创建页面样式。

（7）页面中的字体颜色从提供的作业素材的页面效果图中获取。

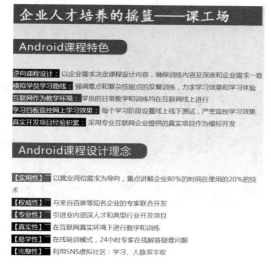

图 3.40　课程介绍页面的效果图

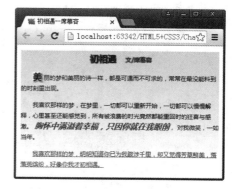

图 3.41　《初相遇》页面的效果图

随手笔记

第4章

JavaScript 基础

▶ 本章重点

※ JavaScript 的组成及其基本语法
※ 使用 Date 对象获得当前系统的日期、时间，结合定时函数可以制作时钟特效
※ 使用 DOM 创建和增加节点的方法以及表格的操作
※ 使用 JavaScript 改变样式

▶ 本章目标

※ 了解什么是 JavaScript 以及引入 JavaScript 的三种方式
※ 理解 JavaScript 对象有哪些
※ 会使用 DOM 增删改查以及对表格的操作
※ 掌握 Document 对象的 getElement 的系列方法

本章任务

学习本章，完成以下 8 个工作任务。记录学习过程中遇到的问题，可以通过自己的努力或访问 kgc.cn 解决。

任务 1：在页面上输出 10*10 的由 "*" 组成的图形

使用嵌套循环在页面输出 10*10 的由 "*" 组成的图形，效果如图 4.1 所示。

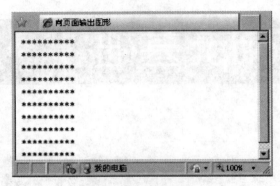

图 4.1　输出图形

任务 2：模拟简单的计算器，实现加、减、乘、除功能

自定义函数，实现根据用户输入的两个数字和运算符进行加、减、乘、除的运算，其中要求验证用户输入的数字和运算符是否有效。

任务 3：实现页面上复选框"全选"功能

使用 Document 对象访问 DOM 元素，实现当"全选"复选框被选中时，下面所有的复选框均被选中，效果如图 4.2 所示。

☑ 全选	产品名称	价格（元）	数量
☑	iPhone6 移动联通电信4G手机	4578.00	6
☑	荣耀移动联通电信4G手机	2599	5
☑	三星 GALAXY S8	5688	3
☑	OPPO R11	2999	15
☑	华为nova 2	2499	8
删除选中的产品			

图 4.2　全选效果

任务 4：实现页面上动态实时时钟

动态显示日期、时间、星期，效果如图 4.3 所示。

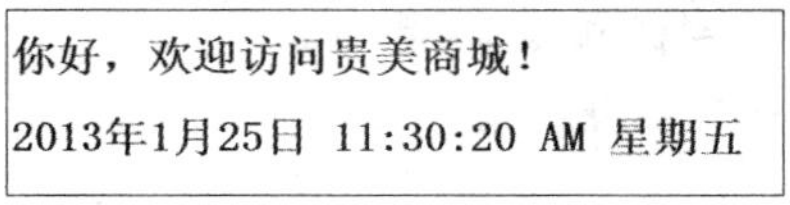

你好，欢迎访问贵美商城！

2013年1月25日　11:30:20 AM 星期五

图 4.3　12 小时制的时钟

任务 5：实现试题管理系统的"添加试题"页面功能

在试题管理系统中，根据设置的选项个数，单击"添加试题"按钮动态增加题目和选项，选项个数默认为 4，实现效果如图 4.4 所示。

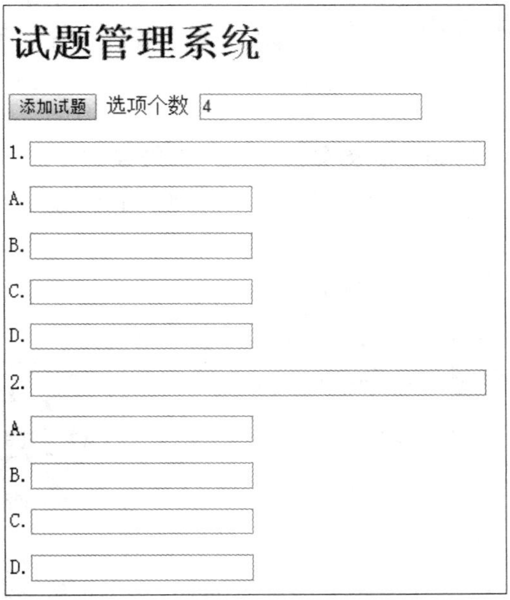

试题管理系统

| 添加试题 | 选项个数 | 4 |

1.

A.

B.

C.

D.

2.

A.

B.

C.

D.

图 4.4　添加试题

任务 6：实现后台进货管理系统的"增加商品"页面功能

实现后台进货管理，除删除和修改功能外的"增加商品"功能。单击"增加商品"按钮，将增加一行等待录入，录入完毕后单击"保存"按钮保存，单击"保存"按钮后，该行内容不再处于可编辑状态（同其他行），"保存"按钮变为"修改"按钮，实现效果如图 4.5 所示。

增加商品

商品名称	数量	价格	操作	
雅芳Avon再生霜	100	￥8.50	删除	保存
雅芳Avon防护日霜	200	￥6.60	删除	保存
欧珀莱补水霜	200	￥10.50	删除	保存
			删除	保存

图 4.5　增加商品

任务 7：实现省市级联效果的页面功能

实现图 4.6 所示的省市级联效果。

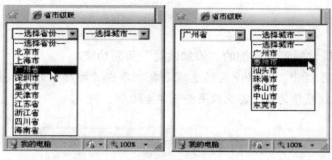

图 4.6 省市级联

任务 8：实现页面上 Tab 切换效果及滚动广告效果

实现 Tab 切换效果，当鼠标指针移到"笔记本"和"手机充值"上，分别显示对应内容，效果如图 4.7 所示。

制作滚动广告，效果如图 4.8 所示。

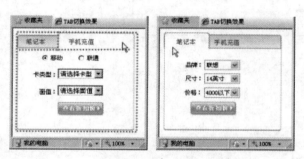

图 4.7 Tab 切换效果

图 4.8 滚动广告

任务 1　在页面上输出 10*10 的由 "*" 组成的图形

关键步骤如下：

➢ 外层循环控制 "*" 的行数。

➢ 内层循环控制 "*" 的列数。

➢ 每行 "*" 结束后换行。

4.1.1 JavaScript 简介

通过对 HTML5+CSS3 制作网页的学习，基本上可以完成一个比较完整的网站了，但若想网站能减轻服务器端的负担、增加客户端的体验、具有动感、给浏览者留下深刻的印象，还需要学习 JavaScript 客户端验证、页面特效和动态改变页面内容等方面的知识。

1. JavaScript 概述

（1）什么是 JavaScript

JavaScript 是一种描述语言，也是一种基于对象（Object）和事件驱动（Event Driven）的、安全性好的脚本语言。它运行在客户端，从而减轻了服务器端的负担，总结其特点如下：

- ➤ JavaScript 主要用来向 HTML 页面中添加交互行为。
- ➤ JavaScript 是一种脚本语言，语法和 Java 类似。
- ➤ JavaScript 一般用来编写客户端脚本。
- ➤ JavaScript 是一种解释性语言，边执行边解释。

（2）JavaScript 和 ECMAScript 的关系

JavaScript 是由美国网景通信公司的 Netscape 发明的，Microsoft 公司随后模仿 JavaScript 推出 JScript 脚本语言，欧洲计算机制造商协会（ECMA）基于这两者制定了 ECMAScript 标准。简而言之，ECMAScript 是脚本程序设计语言的 Web 标准，JavaScript 和 JScript 都只是遵循 ECMAScript 标准的一种实现。

（3）JavaScript 的组成

一个完整的 JavaScript 是由核心语法（ECMAScript）、浏览器对象模型（BOM）、文档对象模型（DOM）三个不同部分组成的，如图 4.9 所示。

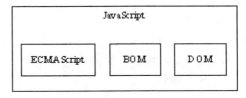

图 4.9　JavaScript 组成

2. JavaScript 的基本结构和执行原理

（1）JavaScript 的基本结构

JavaScript 的语法：

```
<script type = "text/javascript">
  <!--
      //JavaScript 语句；
  -->
</script>
```

在语法中：

- ➤ <script>…</script> 标签是脚本代码。
- ➤ <! -- 语句 --> 是注释标签，用于告知不支持 JavaScript 的浏览器忽略标签中包含的语句。这些标签是可选的，但最好在脚本中使用这些标签。
- ➤ type 属性表示使用的语言类别是 JavaScript。

（2）JavaScript 的执行原理

在 JavaScript 的执行过程中，浏览器客户端与应用服务器采用请求 / 响应模式进行交互，如图 4.10 所示。

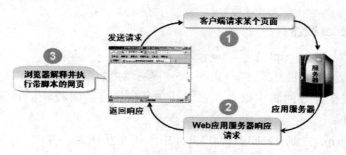

图 4.10　JavaScript 执行原理

3. 在网页中引入 JavaScript 的方式

JavaScript 作为客户端程序嵌入网页有以下三种方式：

➢　使用 <script>…</script> 标签。

➢　使用外部 JS 文件。

➢　直接放在 HTML 标签中。

> 📢注意：
>
> 　　<script>…</script> 的位置并不是固定的，可以包含在 <head>…</head> 或 <body>…</body> 中的任何地方，只要保证这些代码在被调用前已读取并加载到内存即可。

4.1.2　JavaScript 基础语法

JavaScript 也有一套类似其他高级语言的语法，尤其和 Java 语言的语法规则比较类似，其中包括：

➢　变量的声明及使用。

➢　数据类型。

➢　运算符。

➢　逻辑控制语句。

➢　注释。

➢　语法规则。

1. 变量的声明与使用

JavaScript 是一种弱类型语言，没有明确的数据类型，在声明变量时，不需要指定变量的类型，变量的类型由赋给变量的值确定。

变量的声明语法：

var 变量名；

例如：

var num;

然后进行赋值：num = 10;

也可以声明时直接赋值：

var num = 10;

> **注意：**
>
> ① JavaScript 区分大小写，特别是变量的命名、语句关键字等。
>
> ② 变量可以不经声明而直接使用，例如，num = 10，但这种方法很容易出错，也很难查找排错，不推荐使用。

2. 数据类型

在 JavaScript 中，提供了常用的基本数据类型，如表 4-1 所示。

表 4-1　基本数据类型

数据类型	含　义
undefined	未定义
null	空
string	字符串类型
boolean	布尔类型
number	数值类型

> **注意：**
>
> ① 虽然 undefined 和 null 的含义不同，但 undefined 实际上是由 null 派生来的，ECMAScript 把它们定义为相等的。
>
> ② number 类型既可以表示 32 位整数，还可以表示 64 位浮点数。

3. 运算符

与 Java 中的运算符一样，在 JavaScript 中，根据所执行的运算不同，常用的运算符可分为算术运算符、比较运算符、逻辑运算符和赋值运算符，如表 4-2 所示。

表 4-2　常用的运算符

类　别	运算符号
算术运算符	+ - * / % ++ --
比较运算符	> < >= <= == !=
逻辑运算符	&& || !
赋值运算符	=

> **提示：**
> ① 在 JavaScript 中，比较字符串的值是否相等用 "=="。
> ② 判断一个值或变量属于哪种类型，使用 typeof 运算符。

4. 逻辑控制语句

同 Java 一样，JavaScript 的逻辑控制语句也分为两类：条件结构和循环结构。其用法与 Java 很类似，使用时注意区别两者之间的用法。

（1）条件结构

条件结构分为 if 结构和 switch 结构。

1）if…else。

2）switch。

> **注意：**
> JavaScript 中 case 后可以接字符串常量，例如，case "abc"。

（2）循环结构

JavaScript 的循环结构的执行顺序与 Java 类似，主要包括以下几种结构：

1）for 循环。

2）while 循环。

3）do…while 循环。

4）for…in 循环。

其中，for…in 循环常用于数组操作，将在后续章节中讲解。

○ 示例 1

在页面输出 10 个 "*"。

关键代码：

```
for(var i = 0;i<10;i++){
document.write("*");
}
```

输出结果：

* * * * * * * * * *

> **注意：**
> document.write(); 是向页面输出内容，内容可以包含 HTML 元素，如在示例 1 中，要求每个 "*" 之间用空格隔开，即可写成：document.write("* ")。

（3）循环中断

用于循环中断的语句有以下两种：

1）break。

2）continue。

与 Java 用法一样，break 是跳出循环，continue 是跳入下一次循环。

5. 注释

JavaScript 语言的注释与 Java 语言的一样，分为单行注释和多行注释两种。其中，单行注释以"//"开始，以行末结束；多行注释以"/*"开始，以"*/"结束。

到这里，我们已经用循环实现了任务 1 中 1 行"*"的输出，要输出 10 行，需要在此循环外再嵌套一个控制行数的循环，自己动手试试吧。

任务 2　　模拟简单的计算器，实现加、减、乘、除功能

关键步骤如下：

➢　接收用户输入的两个数。

➢　判断是否是数字。

➢　接收用户输入的运算符。

➢　判断是否是有效运算符。

➢　根据运算符进行运算。

4.2.1　函数

在 JavaScript 中，函数类似于 Java 中的方法，是执行特定任务的语句块，在需要的地方可以重复调用。JavaScript 中的函数有两种：一种是系统函数，一种是自定义函数。

1. 常用系统函数

JavaScript 中常用的系统函数包括：

➢　parseInt()：转换为整数。

➢　parseFloat()：转换为浮点型。

➢　isNaN()：判断非数字。

➢　eval()：计算表达式值。

2. 自定义函数

同 Java 语言一样，我们需要先定义函数，然后才能调用函数。

（1）自定义函数

自定义函数的语法：

```
function 函数名 ( 参数 1, 参数 2,…){
…… // 语句
```

return 返回值；// 可选
}
在语法中：

➢ function 是函数的关键字，必须有。
➢ 根据函数是否带参数以及是否有返回值，函数又分为不带参数的无参函数、有参函数和带返回值的函数。

➲ 示例 2

自定义一个函数，接收两个参数，进行加法运算，并返回运算结果。
关键代码：

```
……
function add(num1,num2){
    return num1+num2;
}
……
```

注意：

在 JavaScript 中自定义函数时，参数只需要声明变量名称，不需要用 var。

（2）函数的调用
函数的调用方式有以下两种。
➢ 事件名＝函数名（传递的实参值），例如：
onclick ＝ " 函数名 ()"
➢ 直接使用函数名（传递的实参值），例如：
var result ＝ add(2,3)
如果传递的实参值由用户决定，可以使用 prompt() 函数返回的值作为参数传递给函数，例如：
var result ＝ add(prompt(' 请输入第一个数：',''), prompt(' 请输入第二个数：',''))
此时，则需要修改 add() 函数的定义，先将传入的参数转换为数值类型再进行运算。

3. 匿名函数

其实还有一种自定义函数，叫匿名函数，即没有函数名。
（1）匿名函数的定义
匿名函数的语法：

```
var sumFun = function(num1,num2){
……// 省略代码
  return  (num1+num2);
};
```

在语法中：
➢ var sumFun ＝ function(num1,num2) 表示声明一个变量等于某个函数体。
➢ {……}; 是把整个函数体放在变量的后面，并在末尾添加一个分号。

（2）匿名函数的调用

由于匿名函数定义的整个语句，可以像值一样赋给一个变量进行保存，所以可以使用如下方式调用语法中的匿名函数：

var sum = sumFun(2,3)

这种方式虽然灵活但很难控制，我们只需要了解匿名函数的使用即可。

4.2.2　程序调试

（1）程序错误分类

编写 JavaScript 代码时难免出现错误，根据错误类型可分为：

➢ 语法错误：例如，for 循环缺少括号等。

➢ 逻辑错误：运行结果和预期效果不一致。

（2）alert() 方法

对于 JavaScript 语法错误和逻辑错误的排除，可以使用 IE 浏览器的提示或 Firebug 来查看。另外，简单的代码也可以使用 alert() 语句。

（3）Firebug 工具

复杂的代码可以使用 Firebug 工具调试。Firebug 工具是 Firefox 下一款开发类插件，可以以单步进入、单步跳过、单步退出等方式调试 JavaScript 程序。

> 🔍 **提示：**
>
> 　　Chrome 与 IE 自带处理 Bug 工具，可直接按 F12 键进入调试，调试步骤与使用 Firebug 工具类似。

到这里，我们已经知道如何定义和使用有参函数，在任务 2 中，还需要使用方法 isNaN() 来判断非数字，自己动手试试吧。

任务 3　实现页面上复选框"全选"功能

关键步骤如下：

➢ 设置同名的复选框组，"全选"复选框设置唯一 id。

➢ 使用 getElementsByName() 访问同名复选框组。

➢ 使用 getElementById() 访问"全选"复选框。

➢ 根据"全选"复选框的状态，设置同名复选框勾选状态（checked 属性）。

4.3.1　BOM 概述

使用 BOM（Browser Object Model，浏览器对象模型）可以移动窗口，改变状态栏中的文本，执行其他与页面内容不直接相关的动作。它包含的对象主要有以下几种。

（1）Window 对象

Window 对象是指整个窗口对象，可通过操作 Window 对象的属性和方法控制窗口。例如，打开或关闭一个窗口。

（2）History 对象

浏览器访问过的历史页面对应 History 对象，通过 History 对象的属性和方法可以实现浏览器的前进或后退功能。

（3）Location 对象

浏览器的地址栏对应 Location 对象，通过 Location 对象的属性和方法可以控制页面跳转。

（4）Document 对象

浏览器内的网页内容对应 Document 对象，通过 Document 对象的属性和方法可以控制页面元素。

4.3.2　BOM 对象操作窗体

了解了 BOM 模型包含的各对象的作用，接下来学习这些对象是如何操作窗体的。

1．Window 对象

（1）Window 对象的常用属性

BOM 模型中的 History、Location、Document 对象，实际上都是 Window 窗口对象的属性，表 4-3 列出了 Window 对象的常用属性。

表 4-3　Window 对象的常用属性

名　　称	说　　明
history	有关客户访问过的 URL 的信息
location	有关当前 URL 的信息
screen	有关客户端的屏幕和显示性能的信息

➢　属性使用的方法是：window. 属性名 = " 某个属性值 "，例如：

window.location = "http://www.sohu.com";　　　　　// 表示跳转到 sohu 主页

➢　Window 对象是根对象，所以在使用 Window 对象的属性和方法时，window 可以省略。

➢　screen 很少使用，如在开发时需要使用，可以查阅网上完整的介绍手册。

（2）Window 对象的常用方法

表 4-4 列出了 Window 对象的常用方法。

➢　prompt() 方法有两个参数，是输入对话框，用来提示用户输入一些信息，单击"取消"按钮则返回 null，单击"确定"按钮则返回用户输入的值。

➢　alert() 方法只有一个参数，仅显示警告框的消息，无返回值。

➢ confirm() 方法只有一个参数，是确认对话框，显示提示框的消息、"确定"
按钮和"取消"按钮，单击"确定"按钮返回 true，单击"取消"按钮返回
false。因此常用于 if…else 语句。

➢ close() 方法用于关闭浏览器窗口，语法格式如下：

window.close();

➢ open() 方法用于在页面上弹出一个新的浏览器窗口，弹出窗口的语法如下：

window.open(" 弹出窗口的 url"," 窗口名称 "," 窗口特征 ");

表 4-4　Window 对象的常用方法

名　称	说　明
prompt()	显示可提示用户输入的对话框
alert()	显示带有一段消息和一个"确定"按钮的警告框
confirm()	显示带有一段消息以及"确定"按钮和"取消"按钮的对话框
close()	关闭浏览器窗口
open()	打开一个新的浏览器窗口，加载给定 URL 所指定的文档
setTimeout()	用于在指定的时间（以毫秒计）后调用函数或计算表达式
setInterval()	按照指定的周期（以毫秒计）数来调用函数或计算表达式

窗口的特征属性如表 4-5 所示。

表 4-5　窗口的特征属性

名　称	说　明
height、width	窗口文档显示区的高度、宽度，以像素计
left、top	窗口的 x 坐标、y 坐标，以像素计
toolbar = yes | no |1 | 0	是否显示浏览器的工具栏，默认是 yes
scrollbars = yes | no |1 | 0	是否显示滚动条，默认是 yes
location = yes | no |1 | 0	是否显示地址栏，默认是 yes
status = yes | no |1 | 0	是否添加状态栏，默认是 yes
menubar = yes | no |1 | 0	是否显示菜单栏，默认是 yes
resizable = yes | no |1 | 0	窗口是否可调节尺寸，默认是 yes

（3）Window 对象的常用事件

表 4-6 列出了 Window 对象的常用事件。

表 4-6　Window 对象的常用事件

名　称	说　明
onload	一个页面或一幅图像完成加载
onmouseover	鼠标指针移到某元素之上
onclick	单击某个对象
onkeydown	某个键盘按键被按下
onchange	域的内容被改变

2. History 对象

History 对象保存了浏览过的网页记录。表 4-7 列出了 History 对象的方法。

表 4-7　History 对象的方法

名　　称	说　　明
back()	加载 History 对象列表中的上一个 URL
forward()	加载 History 对象列表中的下一个 URL
go()	加载 History 对象列表中的某个具体 URL

- ➢ back() 方法会让浏览器加载上一个浏览过的文档，history.back() 等效于浏览器中的"后退"按钮。
- ➢ forward() 方法会让浏览器加载下一个浏览过的文档，history.forward() 等效于浏览器中的"前进"按钮。
- ➢ go(n) 方法中的 n 是一个具体的数字，当 n>0 时，装入历史列表中往前数的第 n 个页面；当 n=0 时，装入当前页面；当 n<0 时，装入历史列表中往后数的第 n 个页面。例如，history.go(1) 代表前进 1 页，相当于 IE 中的"前进"按钮，等效于 forward() 方法。

3. Location 对象

Location 对象提供当前页面的 URL 信息，并且可以重新装载当前页面或装入新页面。表 4-8 和表 4-9 列出了 Location 对象的属性和方法。

表 4-8　Location 对象的属性

名　　称	说　　明
host	设置或返回主机名和当前 URL 的端口号
hostname	设置或返回当前 URL 的主机名
href	设置或返回完整的 URL

表 4-9　Location 对象的方法

名　　称	说　　明
reload()	重新加载当前文档
replace()	用新的文档替换当前文档

4. Document 对象

Document 对象既是 Window 对象的一部分，又代表了整个 HTML 文档，可用来访问页面中的所有元素。

（1）Document 对象常用的属性

Document 对象的常用属性如表 4-10 所示。

表 4-10　Document 对象的属性

名　　称	说　　明
referrer	返回载入当前文档的 URL
URL	返回当前文档的 URL

➢　通过 document.referrer 的值来判断当前文档是否是通过超链接访问的，若不是，则值为 null。

（2）Document 对象的常用方法

Document 对象的常用方法如表 4-11 所示。

表 4-11　Document 对象的常用方法

名　　称	说　　明
getElementById()	返回对拥有指定 id 的第一个对象的引用
getElementsByName()	返回带有指定名称的对象的集合
getElementsByTagName()	返回带有指定标签名的对象的集合
write()	向文档写文本、HTML 表达式或 JavaScript 代码

➢　getElementById() 方法一般用于访问 DIV、图片、表单元素、网页标签等，但要求访问对象的 id 是唯一的。

➢　getElementsByName() 方 法 与 getElementById() 方 法 相 似， 但 它 访 问元 素 的 name 属 性， 由 于 一 个 文 档 中 的 name 属 性 可 能 不 唯 一， 因 此getElementsByName() 方法一般用于访问一组具有相同 name 属性的元素，如具有相同 name 属性的复选框等。

➢　getElementsByTagName() 方法是按标签来访问页面元素的，一般用于访问一组相同的元素，如一组 <input>、一组图片等。

○ 示例 3

设置复选框组全部选中。

1）通过 getElementsByName() 方法获得复选框对象数组。

2）循环遍历复选框对象，设置每个复选框的 checked 属性值为 true。

关键代码：

```
var oInput = document.getElementsByName("product"); // 获得复选框对象数组
 for (var i = 0;i<oInput.length;i++){
    oInput[i].checked = true;
 }
```

到这里，任务 3 轻松实现了，得到了"全选"复选框的 checked 属性值，在循环遍历复选框数组时，将其赋给每个复选框的 checked 属性，便能实现全选和全不选的效果，自己动手试试吧。

任务 4　实现页面上动态实时时钟

关键步骤如下：

➢　创建一个 Date 对象。

➢　通过 Date 对象的 get 方法获取日期、时间等。

➢　使用 if 语句判断当前小时是否大于 12，从而判断上午还是下午。

➢　使用 setInterval() 方法反复显示。

4.4.1　JavaScript 内置对象概述

在 JavaScript 中，系统的内置对象有 Date 对象、Array 对象、String 对象和 Math 对象等。

➢　Date：用于操作日期和时间。

➢　Array：用于在单独的变量名中存储一系列的值。

➢　String：用于支持对字符串的处理。

➢　Math：用于执行数学任务，包含了若干数字常量和函数。

本任务主要介绍 Date 对象，其他对象在后续内容介绍。

4.4.2　JavaScript 内置对象

1．Date 对象

（1）创建日期对象

Date 对象包含日期和时间两个信息，创建日期对象的基本语法有两种：

创建日期对象的语法 1：

var 日期实例= new Date(参数)；

➢　参数是字符串格式"MM DD, YYYY, hh:mm:ss"，表示日期和时间。

➲ 示例 4

创建指定日期和时间的日期对象。

关键代码：

```
var tDate = new Date ("July 15, 2009, 16:34:28");
```

创建日期对象的语法 2：

var 日期实例= new Date()；

➲ 示例 5

向页面输出当前日期和时间的日期对象。

关键代码：

```
var today = new Date ();
document.write(today);
```

输出结果：

```
Fri Dec 28 10:12:05 UTC+0800 2012
```

（2）Date 对象的常用方法

表 4-12 列举了 Date 对象的常用方法。

表 4-12　Date 对象的常用方法

名　称	说　明
getDate()	从 Date 对象返回一个月中的某一天，其值介于 1 ～ 31 之间
getDay()	从 Date 对象返回星期中的某一天，其值介于 0 ～ 6 之间
getHours()	返回 Date 对象的小时，其值介于 0 ～ 23 之间
getMinutes()	返回 Date 对象的分钟，其值介于 0 ～ 59 之间
getSeconds()	返回 Date 对象的秒数，其值介于 0 ～ 59 之间
getMonth()	返回 Date 对象的月份，其值介于 0 ～ 11 之间
getFullYear()	返回 Date 对象的年份，其值为 4 位数
getTime()	返回自某一时刻（1970 年 1 月 1 日）以来的毫秒数

- getFullYear() 返回 4 位数的年份，getYear() 返回 2 位或 4 位数的年份，常使用的获取年份的方法是 getFullYear()。
- 获取星期几使用 getDay()；0 表示星期日，1 表示星期一，6 表示星期六。
- 各部分时间表示的范围：除每个月的日期外，其他均从 0 开始计数。例如，月份：0 ～ 11，0 表示 1 月，11 表示 12 月。

➲ 示例 6

显示当前时间的小时、分钟和秒。

1）获取当前时间的小时、分钟和秒。

2）将当前时间显示在 id 为 myclock 的 div 中。

3）innerHTML 属性设置或返回 id 为 myclock 的 div 元素的开始和结束标签之间的 HTML。

关键代码：

```
function disptime(){
var today = new Date(); // 获得当前时间
/* 获得小时、分钟、秒 */
var hh = today.getHours();
var mm = today.getMinutes();
var ss = today.getSeconds();
/* 设置 div 的内容为当前时间 */
document.getElementById("myclock").innerHTML = "<h1> 现在是 :"+hh+":"+mm+":
"+ss+ " <h1>";
}
```

输出结果：

现在是：11:27:35

2．定时函数

JavaScript 中提供了两个定时器函数：setTimeout() 和 setInterval()。

➢ setTimeout() 用于在指定的毫秒数后调用函数或计算表达式。

语法：

setTimeout(" 调用的函数名称 ", 等待的毫秒数);

清除语法如下：

clearTimeout();

➢ setInterval() 可按照指定的周期（以毫秒计）来调用函数或计算表达式。

语法：

setInterval(" 调用的函数名称 ", 周期性调用函数之间间隔的毫秒数);

到这里，任务 4 已经可以轻松实现了，自己动手试试吧。

任务 5　实现试题管理系统的"添加试题"页面功能

关键步骤如下：

➢ 在 Dreamweaver 中写一道题，理清整个试题的 HTML 结构。

➢ 使用 createElement 和 appendChild 创建上述 HTML 代码对应的 JavaScript 语句。

➢ 获取输入的选项个数。

➢ 通过设置样式表来控制选项和题目的自动编号类型。

4.5.1　DOM 概述

除了通过 DOM 中的节点动态地改变页面的内容，还可以使用 DOM 编写程序，实现动态修改表格、网页的其他元素等特效。

（1）什么是 DOM

DOM 是文档对象模型（Document Object Model）的缩写，和语言无关。它提供了访问和动态修改结构文档的接口。W3C 制定了 DOM 规范，主流浏览器都支持。

（2）DOM 的组成

DOM 由三部分组成，分别是 Core DOM、XML DOM 和 HTML DOM。

➢ Core DOM：也称核心 DOM 编程，定义了一套标准的针对任何结构化文档的对象，包括 HTML、XHTML 和 XML。

➢ XML DOM：定义了一套标准的针对 XML 文档的对象。

➢ HTML DOM：定义了一套标准的针对 HTML 文档的对象。

这里主要介绍 Core DOM 编程以及 HTML DOM 编程。

4.5.2　使用 Core DOM 操作节点

1．认识 DOM 节点树

DOM 以树形结构组织 HTML 文档，文档中每个标签或元素都是一个节点，各个节点之间都存在着关系，如图 4.11 所示。例如，<head> 和 <body> 的父节点都是 <html>，<img>、<h1> 和 <p> 是兄弟节点。

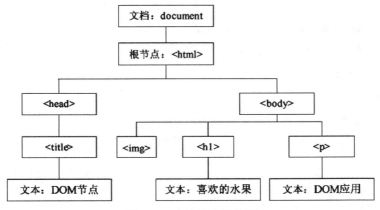

图 4.11　文档节点结构图

2．访问节点

（1）使用 getElement 系列方法访问指定节点

➢ getElementById()：返回对拥有指定 id 的第一个对象的引用。

➢ getElementsByName()：返回带有指定名称的对象的集合。

➢ getElementsByTagName()：返回带有指定标签名的对象的集合。

（2）使用层次关系访问节点

➢ parentNode：返回节点的父节点。

➢ firstChild：返回节点的首个子节点。文本和属性节点没有子节点，会返回一个空数组；元素节点若是没有子节点会返回 null。

➢ lastChild：返回节点的最后一个子节点，返回值同 firstChild。

3．操作节点属性值

Core DOM 的标准方法包括以下两种：

➢ getAttribute(" 属性名 ")：获取属性值。

➢ setAttribute(" 属性名 "," 属性值 ")：设置属性值。

4．创建和增加节点

Core DOM 有很多方法可以创建或增加一个新节点，主要方法如表 4-13 所示。

表 4-13　创建节点的方法

名　称	说　明
createElement(tagName)	按照给定的标签名称创建一个新的元素节点
appendChild(nodeName)	向已存在节点列表的末尾添加新的子节点
insertBefore(newNode,oldNode)	向指定的节点之前插入一个新的子节点
cloneNode(deep)	复制某个指定的节点

> ➤ insertBefore(newNode,oldNode) 中参数 newNode 是必选项，表示新插入的节点；oldNode 是可选项，表示新节点被插入到 oldNode 节点的前面。
> ➤ cloneNode(deep) 中的参数 deep 是布尔值，当 deep 的值为 true 时，会复制指定的节点及它的所有子节点；当 deep 的值为 false 时，只复制指定的节点和它的属性。

⊃ 示例 7

当单击"增加"按钮时，动态向有序列表添加一个文本框选项，并设置文本框大小，效果如图 4.12 所示。

图 4.12　动态添加文本框

关键代码：

```
// 创建 li 标签
var liElement = document.createElement("li");
// 创建 input 标签
var inputElement = document.createElement("input");
/* 设置 input 标签的属性 */
inputElement.setAttribute("type","text");
inputElement.setAttribute("name","answer");
inputElement.setAttribute("size","30");
// 将 input 标签添加到 li 标签中
liElement.appendChild(inputElement);
/* 获得 ul 标签，并将 li 标签添加其中 */
var ulElement = document.getElementById("options");
ulElement.appendChild(liElement);
……
```

5. 删除和替换节点

使用 Core HTML 删除和替换节点的方法如表 4-14 所示。

表 4-14　删除和替换节点的方法

名　称	说　明
removeChild(node)	删除指定的节点
replaceChild(newNode,oldNode)	用其他的节点替换指定的节点

replaceChild(newNode,oldNode) 方法中有两个参数，其中 newNode 是替换的新节

点，oldNode 是要被替换的节点。

到这里，我们已学会动态添加一个选项了，要想完成任务 5，还需要得到输入的选项个数，以循环添加选项组，自己动手试试吧。

任务 6　实现后台进货管理系统的"增加商品"页面功能

关键步骤如下：

➤　求出表格总行数。

➤　利用总行数，在末尾添加一行，各单元格包含输入框。

4.6.1　HTML DOM

HTML DOM 的特性和方法是专门针对 HTML 的，HTML 中每个节点都是一个对象，通过对象访问属性和方法的方式，让一些 DOM 操作更加简便，在 HTML DOM 中有专门用来处理表格及其元素的属性和方法。

4.6.2　使用 HTML DOM 操作表格

1. Table 对象

在 HTML DOM 中，Table 对象代表一个 HTML 表格，TableRow 对象代表 HTML 表格的行，TableCell 对象代表 HTML 表格的单元格。在 HTML 文档中可通过动态创建 Table 对象、TableRow 对象和 TableCell 对象来创建 HTML 表格。Table 对象的属性和方法如表 4-15 所示。

表 4-15　Table 对象的属性和方法

类别	名称	说　明
属性	rows[ ]	返回包含表格中所有行的一个数组
方法	insertRow()	在表格中插入一个新行
	deleteRow()	从表格中删除一行

（1）rows[ ]

rows[ ] 用于返回表格中所有行（TableRow 对象）的一个数组。语法：

tableObject.rows[ ];

获得第一行对象，则可以写成：tableObject.rows[0]。

○ 示例 8

获得表格现有的行数。

关键代码：

var table = document.getElementById("myTable"); // myTable 是表格的 id

var rowNums = table.rows.length;

（2）insertRow()

insertRow() 方法用于在表格中的指定位置插入一个新行。语法：

tableObject.insertRow(index);

➤ index 表示新行将被插入到 index 所在行之前。若 index 等于表格中的行数，
则新行将被插入到表格的末尾；若 index 等于 0，则新行将被插入到表格的第
一行，因此 index 不能小于 0 或大于表格中的行数。

● 示例 9

在表格末尾添加一行。

关键代码：

var table = document.getElementById("myTable");　　　// myTable 是表格的 id

var rowNums = table.rows.length;　　　　　　　　　　// 表格现有行数

var row = table.insertRow(rowNums);

（3）deleteRow()

deleteRow() 方法用于从表格中删除指定位置的行。语法：

tableObject.deleteRow(index);

➤ 参数 index 是小于表格中所有行数的整数，当 index 等于 0 时，表示删除第一行。

2．TableRow 对象

TableRow 对象的属性和方法如表 4-16 所示。

表 4-16　TableRow 对象的属性和方法

类别	名称	说　明
属性	cells[ ]	返回包含行中所有单元格的一个数组
	rowIndex	返回该行在表中的位置
方法	insertCell()	在一行中的指定位置插入一个空的 \<td\> 标签
	deleteCell()	删除行中指定的单元格

（1）insertCell()

insertCell() 方法用于在 HTML 表格一行中的指定位置插入一个空的 \<td\> 标签。

语法：

tableRowObject.insertCell(index);

➤ index 表示新单元格将被插入到 index 所在单元格之前。如果 index 等于行中
的单元格数，则新单元格被插入到行的末尾；如果 index 等于 0，则新单元格
被插入到行的开头。

● 示例 10

在表格末尾添加一行，在行中插入 4 个单元格。

关键代码：

```
var table = document.getElementById("myTable");      // myTable 是表格的 id
var rowNums = table.rows.length;                     // 表格现有行数
var row = table.insertRow(rowNums);                  // 末尾添加一行
var cel1 = row.insertCell(0);
var cel2 = row.insertCell(1);
var cel3 = row.insertCell(2);
var cel4 = row.insertCell(3);
```

（2）deleteCell()

deleteCell() 方法用于删除表格中的单元格。语法：

```
tableRowObject.deleteCell(index);
```

3. TableCell 对象

TableCell 对象的属性和方法如表 4-17 所示。

表 4-17　TableCell 对象的属性和方法

类别	名称	说　　明
属性	cellIndex	返回单元格在某行单元格集合中的位置
	innerHTML	设置或返回单元格的开始标签和结束标签之间的 HTML
	align	设置或返回单元格内部数据的水平排列方式
	className	设置或返回元素的 class 属性

● 示例 11

完善示例 10 插入的空单元格。

关键代码：

```
cel1.innerHTML = "<input name = 'productName' type = 'text' value = '' />";
cel2.innerHTML = "<input name = 'amount' type = 'text' value = '' size = '5' />";
cel3.innerHTML = "<input name = 'initPrice' type = 'text' value = '' size = '5' />";
cel4.innerHTML = "<input name = 'del' type = 'button' value = ' 删除 ' onclick = 'delRow(this)'/>
<input name = 'save' type = 'button' value = ' 保存 ' onclick = 'saveRow(this)'/>" ;
```

> 🔍 **提示：**
>
> 在上述代码中，delRow(this) 中的 this 代表本对象。

到这里，任务 6 可以轻松完成了，自己动手试试吧。

任务7　实现省市级联效果的页面功能

关键步骤如下：

➢ 创建存储省市的数组。

> 窗体加载时添加所有省份。

> 根据所选省份，添加城市。

4.7.1　数组

JavaScript 中的数组也是具有相同数据类型的一个或多个值的集合，存储和使用方式都与 Java 中的数组类似。

1．创建数组

（1）创建数组

创建数组的语法：

var 数组名称＝ new Array(size);

例如：

var province ＝ new Array(4);

（2）数组的赋值

数组的赋值有两种方式。

1）先声明再赋值

var province ＝ new Array(4);
province[0] ＝ " 河北省 ";
province[1] ＝ " 河南省 ";

在 JavaScript 中，索引也可以使用标识符（字符串），例如：

var province ＝ new Array(4);
province[' 河北省 '] ＝ " 河北省 ";
province[' 河南省 '] ＝ " 河南省 ";

2）声明的同时初始化

var province ＝ new Array(" 河北省 "," 河南省 "," 湖北省 "," 广东省 ");

如果要实现任务中的省市级联，可以将城市存储到一个二维数组中，例如：

var cityList ＝ new Array();
cityList[0] ＝ [' 邯郸市 ',' 石家庄市 '];
cityList[1] ＝ [' 郑州市 ',' 洛阳市 '];

城市怎么才能与省份名称对应起来呢？分析如下。

1）把省份放在一个下拉列表框中。

2）通过下拉列表框的索引号（selectedIndex）与数组的下标关联，将省份和对应的城市关联起来。

使用这种方法就必须保证表示省份的索引号与其对应的城市集合的数组元素下标相对应，如图 4.13 所示。

但是为了避免改变省份的位置，或修改省份、城市的名称时出现错误，可以将表示省份的数字下标改为省份名称：

var cityList ＝ new Array();
cityList[' 河北省 '] ＝ [' 邯郸市 ',' 石家庄市 '];
cityList[' 河南省 '] ＝ [' 郑州市 ',' 洛阳市 '];

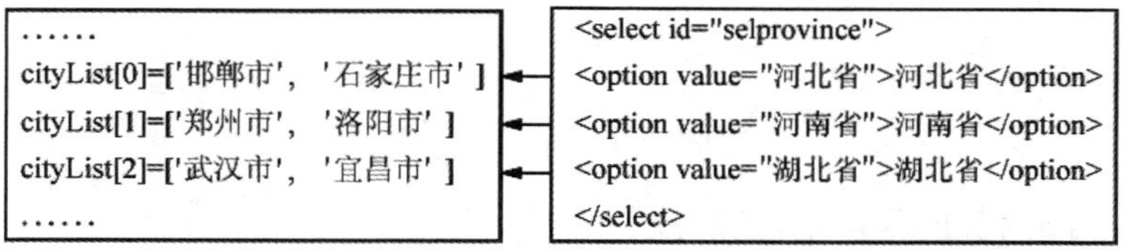

```
......
cityList[0]=['邯郸市',  '石家庄市' ]
cityList[1]=['郑州市',  '洛阳市' ]
cityList[2]=['武汉市',  '宜昌市' ]
......
```

```
<select id="selprovince">
<option value="河北省">河北省</option>
<option value="河南省">河南省</option>
<option value="湖北省">湖北省</option>
</select>
```

图 4.13　省份与城市对应

2．操作数组

（1）数组的读取

1）单个读取

单个读取的语法：

数组对象名 [数组下标]

例如：

province[0];

cityList[' 河北省 '];

2）循环读取

在 JavaScript 中，除了传统的 for 循环，还可以使用 for…in 的方式循环读取。

for…in 的语法：

```
for (var i in array){
    循环代码 ;
}
```

i 表示数组中元素的下标，既可以表示非负整数，也可以表示字符串；Array 表示数组名称，例如：

```
var province = new Array(" 河北省 ", " 河南省 ", " 湖北省 "," 广东省 ");
for(var x in province){
    document.write(province[x]+"<br/>");
}
```

将省份从二维数组中读取出来。

关键代码：

```
......
var cityList = new Array();
cityList[' 河北省 '] = [' 邯郸市 ',' 石家庄市 '];
cityList[' 河南省 '] = [' 郑州市 ',' 洛阳市 '];
    for(var i in cityList){
        document.write(i+"<br/>");
    }
```

将所有城市从二维数组中读取出来。

关键代码：

```
......
    for(var i in cityList){
        for(var k in cityList[i]){
            document.write(cityList[i][k]+" ");
```

```
        }
    document.write("</br>");
    }
......
```

（2）Array 对象的常用属性和方法

数组的常用方法和属性如表 4-18 所示。

表 4-18　数组的常用方法和属性

类别	名称	说　明
属性	length	设置或返回数组中元素的数目
方法	join()	把数组的所有元素放入一个字符串中，通过一个分隔符进行分隔
	sort()	对数组的元素进行排序

4.7.2　使用下拉列表框对象

Select 对象常用的事件、方法和属性如表 4-19 所示，Option 对象的常用属性如表 4-20 所示。

表 4-19　Select 对象常用的事件、方法和属性

类别	名称	说　明
事件	onchange	当改变选项时调用的事件
方法	add()	向下拉列表框中添加一个选项
属性	options[ ]	返回包含下拉列表框中所有选项的一个数组
	selectedIndex	设置或返回下拉列表框中被选项目的索引号
	length	返回下拉列表框中选项的数目

表 4-20　Option 对象的常用属性

属　性	说　明
text	设置或返回某个选项的纯文本值
value	设置或返回被送往服务器的值

（1）options[ ]

options[ ] 集合可返回包含 <select> 元素中所有 <option> 的一个数组，数组中的每一个元素对应一个 <option> 标签，索引值从 0 开始。

如果把 options.length 属性设置为 0，Select 对象中的所有选项都会被清除。

如果 options.length 属性的值比当前值小，那么出现在数组尾部的元素都会被丢弃。

（2）selectedIndex 和 length

selectedIndex 属性可设置或返回下拉列表框中被选选项的索引号，如果允许选择

多项，则仅会返回第一个被选选项的索引号。length 属性可返回下拉列表框中选项的数目。

（3）add()

add() 方法用于向 <select> 中添加一个 <option> 标签。语法：

selectObject.add(new,old);

new 表示新添加到 old 之前的 Option 对象，如果 old 为 null，则 new 直接添加到 <select> 的末尾。

> **注意：**
>
> 　　在 IE 浏览器中可以省略 null，如 document.getElementById("city").add(newOption)，但是这种方法仅在 IE 浏览器中适用。

（4）创建 Option 对象

使用 new 关键字创建一个 Option 对象，并同时为 option 选项赋 text 值和 value 值，代码如下：

var newOption = new Option(" 北京市 ","01");

现在来看一下，在省市级联的特效中，如何将所有的省份添加到下拉列表框中。

关键代码：

……

```
// 获得省份下拉列表框对象
var province = document.getElementById("selProvince");
for (var i in cityList){
    province.add(new Option(i, i),null);
}
```

……

当选择省份时，动态将此省份对应的城市添加到城市列表框中。

关键代码：

……

```
function changeCity(){
    // 获得选择的省份
    var province = document.getElementById("selProvince").value;
    // 获得城市列表框对象
    var city = document.getElementById("selCity");
    city.options.length = 0; // 清除当前 city 中的选项
    for(var i in cityList){
        if (i == province){
            for (var j in cityList[i]){
                city.add(new Option(cityList[i][j],cityList[i][j]),null);
            }
        }
    }
}
```

……

任务 8 实现页面上 Tab 切换效果及滚动广告效果

Tab 切换效果关键步骤如下：

➤ 用表格将图片进行布局。

➤ 使用 onmouseover 事件和 display 属性来控制图片的显示和隐藏。

滚动广告效果关键步骤如下：

➤ 把广告图片放在一个 div 中，并且 div 总是显示在页面的上方。

➤ 使用 getElementById() 方法获取层对象，并且获取层在页面上的初始位置。

➤ 根据鼠标滚动事件，获取滚动条滚动的距离。

➤ 随着滚动条的移动改变层在页面上的位置。

4.8.1 JavaScript 访问样式的常用方法

在 JavaScript 中，有两种方式可以动态地改变样式的属性，一种是使用样式的 style 属性，另一种是使用样式的 className 属性。另外，控制元素的显示和隐藏使用 display 属性。

（1）style 属性

设置 style 属性语法：

HTML 元素 .style. 样式属性＝ " 值 "；

在 JavaScript 中使用 CSS 样式与在 HTML 中使用 CSS 样式稍有不同，由于在 JavaScript 中 "-" 表示减号，因此如果样式属性名称中带有 "-" 号，要省去 "-"，并且 "-" 后的首字母要大写。例如，在页面中有一个 id 为 titles 的 div，要改变 div 中的字体颜色为红色，字体大小为 25px，代码如下所示：

```
document.getElementById("titles").style.color = "#ff0000";
document.getElementById("titles").style.fontSize = "25px";
```

（2）className 属性

在 HTML DOM 中，className 属性可设置或返回元素的 class 样式。

设置 className 属性语法：

HTML 元素 .className ＝ " 样式名称 "；

将上述示例中 div 中的字体样式写在样式表中，使用 className 属性来控制，代码如下所示：

```
.divStyle{color:#ff0000; font-size:25px;}
document.getElementById("titles").className = "divStyle";
```

（3）display 属性

display 属性控制元素的显示和隐藏，取值有 none（隐藏）和 block（显示）。

设置 display 属性语法：

HTML 元素 .display = " 值 ";

4.8.2　JavaScript 访问样式的应用

JavaScript 访问样式的应用有很多，例如，一些网页上经常会显示各种随滚动条同步滚动的广告图片，这些动态的广告图片能起到美化网页、宣传信息的作用，从而提高网站的知名度和实现盈利。现在就以广告图片总是显示在页面上方，并且随滚动条同步移动为例进行讲解，实现效果如图 4.14 所示。

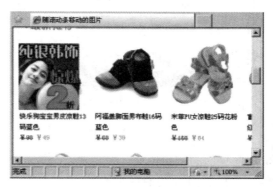

图 4.14　随滚动条移动的图片

实现思路分析如下：

（1）把广告图片放在一个 div 中，并且 div 总是显示在页面的上方。

（2）使用 getElementById() 方法获取层对象，并且获取层在页面上的初始位置。

（3）根据鼠标滚动事件，获取滚动条滚动的距离。

（4）随着滚动条的移动改变层在页面上的位置。

从上面的分析中，我们知道如何设置一个层以及访问层，但是获取层在页面中的位置、获得鼠标的滚动事件，还需要进一步学习下面的内容。

1. 获取样式属性值

HTML DOM 的 Style 对象有对应的元素定位属性，在 Style 对象中的 position 属性如表 4-21 所示。

表 4-21　position 属性

属　　性	说　　明
top	设置元素的顶边缘距离父元素顶边缘的上面或下面的距离
left	设置元素的左边缘距离父元素左边缘的左边或右边的距离
right	设置元素的右边缘距离父元素右边缘的左边或右边的距离
bottom	设置元素的底边缘距离父元素底边缘的上面或下面的距离
zIndex	设置元素的堆叠次序

在元素定位的几个属性中，常用的是 top 和 left，通常用这两个属性来设置元素在页面中的位置，即距离页面顶端的位置（Y 轴的位置）和距离页面左侧的位置（X 轴的位置）。在页面中的坐标体系如图 4.15 所示。

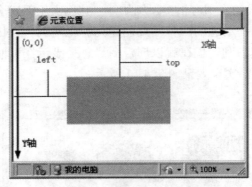

图 4.15　CSS 中的坐标图

➲ 示例 12

定义一个层，获取层在页面的初始位置。

（1）根据层设置样式的类别不同进行获取

1）设置为行内样式表，代码如下所示：

```
var divTop = parseInt(divObj.style.top);
var divLeft = parseInt(divObj.style.left);
```

Style 对象返回的坐标属性值是带有单位（px）的，需要使用 parseInt 把坐标转换为数字。同样，当为某元素设置坐标时，也需要在最后添加单位（px）。

2）设置为内部样式表或外部样式表，代码如下所示：

```
var divTop = parseInt(divObj.currentStyle.top);
var divLeft = parseInt(divObj.currentStyle.left);
```

currentStyle 对象包含了所有元素的 Style 对象的特性和任何未被覆盖的 CSS 规则的 Style 特性，currentStyle 对象与 Style 对象的使用方式一样。

⊙ 提示：

在实际工作中，通常是样式和内容相分离，一般把设置层的样式放在内部样式表或外部样式表，所以常用 currentStyle 对象获取。

（2）根据不同浏览器获取

以上获取方式只局限于 IE 浏览器，DOM 提供了 getComputedStyle() 方法，这个方法接收两个参数，需要获取样式的元素和诸如 hover 之类的伪元素（如果不需要，也可以为 null）。

getComputedStyle() 方法语法：

```
document.defaultView.getComputedStyle( 元素 ,null). 属性 ;
```

例如：

var divTop ＝ document.defaultView.getComputedStyle(divObj,null).top;

var divLeft ＝ document.defaultView.getComputedStyle(divObj,null).left;

根据分析，即可获取层在页面的初始位置，本例只判断是 IE 浏览器还是 Firefox 浏览器。

关键代码：

……
```
  adverObject ＝ document.getElementById("adver");              // 获得层对象
  if(adverObject.currentStyle){                               //IE 浏览器
    adverTop ＝ parseInt(adverObject.currentStyle.top);
    adverLeft ＝ parseInt(adverObject.currentStyle.left);
  }else{                                                      //Firefox 浏览器
    adverTop ＝ parseInt(document.defaultView.getComputedStyle(adverObject,null).top);
    adverLeft ＝ parseInt(document.defaultView.getComputedStyle(adverObject,null).left);
  }
```
……

2. 获取鼠标滚动距离

（1）scrollTop、scrollLeft 属性

在页面中利用表 4-22 所示的属性，可以获取滚动条滚动的距离。

表 4-22　scrollTop、scrollLeft 属性

属性	说　明
scrollTop	设置或获取位于对象最顶端和窗口中可见内容的最顶端之间的距离
scrollLeft	设置或获取位于对象左边界和窗口中目前可见内容的最左端之间的距离
clientWidth	指对象的可见宽度，不包括滚动条等边线，会随窗口的显示大小改变
clientHeight	指对象的可见高度，也就是说在页面浏览器中可以看到内容的这个区域的高度

通过 scrollTop、scrollLeft 这两个属性得到元素在垂直和水平方向上滚动的距离，单位是像素（px），对于不滚动的元素，这两个属性值总是 0。因此可以通过这两个属性获取滚动条在窗口中滚动的距离。

使用 scrollTop、scrollLeft 属性语法：

document.documentElement.scrollTop;

document.documentElement.scrollLeft;

> 🔊 **注意：**
>
> 　　在网上也有许多代码使用 document.body.scrollTop 的方式来获取滚动条滚动的距离。由于 Web 的标准会使 scrollTop 失效，因此 document.body.scrollTop 永远等于 0，所以不建议使用 document.body.scrollTop 这种方式。

（2）页面事件

在页面中有许多事件可以用来触发浏览器中的行为，如表 4-23 所示是制作随鼠标

滚动的广告图片中常用的两个事件。

表 4-23　页面事件

事件	说　明
onscroll	用于捕捉页面垂直或水平的滚动
onload	一个页面或一幅图片完成加载（上传）

当滚动条滚动时，获取滚动条距离页面顶端和左侧的距离，同时改变层距离顶端和左侧的位置。

关键代码：

……

```
adverObject.style.top = adverTop+parseInt(document.documentElement.scrollTop)+"px";
adverObject.style.left = adverLeft+parseInt(document.documentElement.scrollLeft)+"px";
```

……

到这里，任务 8 中的滚动广告效果的关键代码已经介绍，只需要将获取层在页面初始位置和滚动条滚动时改变层距离顶端和左侧的位置的功能分别定义成函数，结合相应事件就可以完成了。

 **本章总结**

本章学习了以下知识点：

➢ JavaScript 的组成及基本语法。

➢ 脚本代码引入网页的三种方式。

➢ 常用的系统函数和自定义函数。

➢ Window 对象的常用方法。

➢ 使用 History 和 Location 对象的相关属性和方法。

➢ 使用 Date 对象获得当前系统的日期、时间，与定时函数结合可以制作时钟特效。

➢ Document 对象的 getElement 系列方法。

➢ 按层次关系查找节点。

➢ 创建和增加节点的方法。

➢ 使用 HTML DOM 操作表格。

➢ 使用 JavaScript 改变样式。

➢ 制作随鼠标滚动的广告图片。

本章练习

1. 制作图 4.16 所示的页面，单击"再上传一个图片"按钮就增加一行，可以增加许多相同的行。

2．制作新浪免费邮箱的登录页面，要求如下：

➢ 当鼠标指针放在文本框上时，文本框的边框颜色发生变化，如图 4.17 所示；当鼠标指针离开文本框时，文本框恢复原始状态。

图 4.16　增加上传图片　　　　　　　　　　　图 4.17　文本框的变化特效

➢ 当鼠标指针放在"登录"按钮上时，按钮图片发生变化；当鼠标指针离开"登录"按钮时，"登录"按钮恢复为原始状态。

3．制作对联广告，如图 4.18 所示，页面左右两侧分别有两个广告图片，两个图片都随滚动条的滚动而滚动。

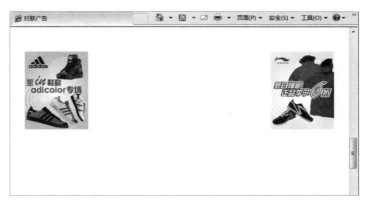

图 4.18　对联广告

提示：

➢ 右侧图片距浏览器的右侧位置不变，首先获取右侧图片距浏览器右侧距离的初位置（设为 R1）。

➢ 当滚动条滚动时，使用 clientWidth 获取浏览器的宽度（设为 x1），使用 scrollLeft 获取下方滚动条向右滚动的距离（设为 x2），使用图片的 width 属性获取图片的宽度（设为 w）。当滚动条滚动时要使右侧图片相对浏览器右侧的位置不变，那么右侧图片距左侧的位置应该是 x1+x2-R1-w。

随手笔记

第5章

JavaScript 表单验证

▶ **本章重点：**

※ String 对象的常用属性和方法
※ 文本框控件的常用属性、方法和事件
※ 正则表达式的基本用法

▶ **本章目标：**

※ 了解表单验证的重要性和正则表达式的概述
※ 理解 String 对象的方法和属性以及文本框常用的属性、方法和事件
※ 会使用正则表达式进行表单验证
※ 掌握正则表达式的基本用法

本章任务

学习本章，完成以下 2 个工作任务。记录学习过程中遇到的问题，可以通过自己的努力或访问 kgc.cn 解决。

任务 1：实现页面注册信息验证功能

使用输入提示特效，实现博客园的注册验证，各项内容要求如下，效果如图 5.1 所示。

➢ 用户名不能为空，长度为 4 ~ 16 位。

➢ 密码不能为空，长度不少于 6 位。

➢ 两次输入密码必须一致。

➢ 电子邮箱包含 "@" 和 "."。

➢ 手机号码不能为空，长度为 11 位。

图 5.1　博客园注册页面

任务 2：升级任务 1，加入正则表达式实现页面注册信息验证功能

使用正则表达式实现博客园的注册验证，各项内容要求如下，效果如图 5.2 所示。

➢ 用户名只能由英文字母和数字组成，长度为 4 ~ 16 个字符，并且以字母开头。

➢ 密码只能由英文字母和数字组成，长度为 4 ~ 10 个字符。

➢ 两次输入密码必须一致。

➢ 手机号码以 "1" 开头，长度为 11 位。

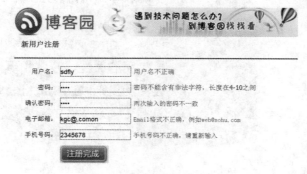

图 5.2　博客园注册页面

任务 1　实现页面注册信息验证功能

关键步骤如下：

➤ 编写每个文本框的验证函数。

➤ 获取文本框的值后，利用 String 对象的相关方法验证。

➤ 添加 div 显示验证信息。

➤ 编写函数调用每个文本框的验证函数，只要任一输入不符合要求，则返回 false，表单的 onsubmit 事件调用本验证函数。

5.1.1　表单验证概述

无论是动态网站，还是其他 B/S 结构的系统，都离不开表单。表单作为客户端向服务器端提交数据的主要载体，使用表单验证是避免提交的数据不合法的重要途径。

1. 表单验证的必要性

表单验证放在客户端和服务器端都可以，客户端验证实际是直接在已下载到本地的页面中调用脚本来进行验证，它不但能检查用户输入的无效或错误数据，还能检查用户遗漏的必选项；而服务器端的验证则是将页面提交到服务器处理，服务器上的另一个包含表单的页面先执行对表单的验证，然后再返回响应结果到客户端，它的缺点是每一次验证都要经过服务器，不但消耗时间较长，而且会大大增加服务器的负担。在客户端进行验证，能把服务器端的任务分给多个客户端去完成，从而减轻服务器端的压力，让服务器专门做其他更重要的事情。

基于以上原因，需要使用 JavaScript 在客户端对表单数据进行验证。接下来，就来具体了解表单验证的相关内容。

2. 表单验证的内容

以常见的注册表单为例，表单验证的内容主要包括如下几种类型：

➤ 检查表单元素是否为空（如登录名不能为空）。

➤ 验证是否为数字（如出生日期中的年月日必须为数字）。

➤ 验证用户输入的电子邮箱地址是否有效（如电子邮箱地址中必须有"@"和"."字符）。

➤ 检查用户输入的数据是否在某个范围之内（如出生日期中的月份必须在 1～12 之间，日期必须在 1～31 之间）。

➤ 验证用户输入的信息长度是否足够（如输入的密码必须大于等于 6 个字符）。

实际上，在设计表单时，还会因情况不同而遇到其他很多不同的问题，这就需要我们自己去定义一些规定和限制。

3. 表单验证的实现思路

表单验证的实现思路具体分析如下:

1）获取表单元素的值,这些值一般都是 String 类型,包含数字、下划线等。

2）根据业务规则,使用 JavaScript 中的一些方法对获取的数据进行判断。

3）表单 Form 有一个事件 onsubmit,它是在提交表单之前调用的,因此可以在提交表单时触发 onsubmit 事件,然后对获取的数据进行验证。

表单验证有两种方式:

➢ 简单的业务验证用 String 对象的属性和方法即可。

➢ 复杂的验证用正则表达式。

本任务只讲解使用 String 对象进行验证,后续任务讲解使用正则表达式进行验证。

5.1.2 实现表单验证

1. String 对象

JavaScript 语言中的 String 对象和 Java 中的 String 对象相似,通常用于操作和处理字符串。String 对象的属性和常用方法如表 5-1 所示。

表 5-1 String 对象的属性和常用方法

类别	名 称	说 明
属性	length	返回字符串的长度（包括空格等）
方法	toLowerCase()	把字符串转化为小写
	toUpperCase()	把字符串转化为大写
	charAt(index)	返回在指定位置的字符
	indexOf(字符串,index)	查找某个指定的字符串在字符串中首次出现的位置
	substring(index1,index2)	返回位于指定索引 index1 和 index2 之间的字符串,并且包括索引 index1 对应的字符,不包括索引 index2 对应的字符

调用 length 的语法:

字符串对象 .length;

例如,任务中要验证"用户名不能为空,长度为 4 ～ 16 位",关键代码如下:

var user=document.getElementById("user").value;

if(user.length<4|| user.length>16)

alert(" 用户名不正确 ");

字符串对象的使用方法语法:

字符串对象 . 方法名 ();

在这几个方法中,最常用的是 indexOf() 方法,如果找到了则返回找到的位置,否则返回 -1。

index 是可选的整数参数,表示从第几个字符开始查找,index 的值为 0 至"字符

串对象 .length-1"，如果省略该参数，则将从字符串的首字符开始查找。

```
var str="this is JavaScript";
var selectFirst=str.indexOf("Java");                // 返回 8
var selectSecond=str.indexOf("Java",12);            // 返回 -1
```

下面通过一个示例来学习 indexOf() 的用法，并且学习电子邮件格式的验证方法。

2．文本框内容的验证

在网站的注册等页面中，一般是通过文本框获取用户填写的信息，如任务中用户名、密码、电子邮箱等，需要在用户提交表单前完成验证内容。

⊃ 示例 1

验证表单中电子邮箱是否包含"@"和"."。

1）获取表单元素的值（String 类型）。

2）使用字符串方法来判断获得的文本框元素是否符合业务规则。

3）使用"提交"按钮来触发 onsubmit 事件，然后调用脚本函数执行。

4）表单的 onsubmit 事件根据函数返回值是 true 还是 false 来决定是否提交表单，当返回值是 false 时，不能提交表单；当返回值是 true 时，提交表单。

根据以上分析，在页面中插入一个表单，表单中有文本框和"提交"按钮，并在表单中添加 onsubmit 事件，此事件调用验证各项表单元素的函数 check()。

关键代码：

```
<form action="" method="post" name="myform" onsubmit="return check()">
…… // 省略表单元素的 HTML 代码
</form>
```

在函数 check() 中需要验证电子邮箱（id 为 email）是否为空。

关键代码：

```
var mail=document.getElementById("email").value;
if(mail==""){
    alert("Email 不能为空 ");
    return false;
}
```

验证电子邮箱中是否包含符号"@"和"."，由于是从字符串的首字符开始验证，因此使用 indexOf() 方法时第 2 个参数可以省略。

关键代码：

```
if(mail.indexOf("@")==-1|| mail.indexOf(".")==-1){
    alert("Email 格式不正确，必须包含 @ 和 .");
    return false;
}
```

3．文本框对象

前面对文本框内容的验证，需要全部填完后再检查验证，验证的信息以弹出提示对话框的形式进行，缺点是增加了用户的操作，又不能即时和用户交互。网上常见的效果是，当光标移开文本框时，将验证信息即时显示在文本框旁边。若要实现此类效果，主要通过文本框对象的方法和事件来改变文本框的效果，HTML DOM 把文本框看作 Textbox 对象。表 5-2 列出了文本框常用的属性、方法和事件。

表 5-2　文本框对象常用的属性、方法和事件

类别	名称	说　明
属性	id	设置或返回文本域的 id
	value	设置或返回文本域的 value 属性的值
方法	blur()	从文本域中移开焦点
	focus()	在文本域中设置焦点，即获得光标
	select()	选取文本域中的内容
事件	onblur	失去焦点，当光标离开某个文本框时触发
	onfocus	获得焦点，当光标进入某个文本框时触发
	onkeypress	某个键盘按键被按下并松开

➢ onfocus 和 onblur 事件：当某个表单元素获得焦点时，即当用户在元素上单击或按 Tab 或 Shift+Tab 组合键时，就会发生 onfocus 事件。元素只有在拥有焦点时，才能接收用户输入。当光标从文本框离开时，发生 onblur 事件。

➢ focus() 方法：某个文本框获得焦点，即文本框获得光标。

➢ select() 方法：选中文本框中的内容，突出显示输入区域的内容，一般用于提示用户重新输入。

➲ 示例 2

升级示例 1，实现与用户即时交互的效果。

1）在电子邮箱文本框旁边添加一个 div，用来显示验证信息。

2）为文本框添加 onblur 事件，并调用相应的验证函数。

电子邮箱的 HTML 关键代码：

```
……
<input id="email" type="text" class="in" onblur="checkEmail()"/>
<div id="email_prompt"></div>
……
```

验证电子邮箱函数的关键代码：

```
function checkEmail(){
    var email=document.getElementById("email").value;
    var email_prompt=document.getElementById("email_prompt");
    email_prompt.innerHTML="";
    if(email==""){
        email_prompt.innerHTML="Email 不能为空 ";
        return false;
    }
    if(email.indexOf("@")==-1|| email.indexOf(".")==-1){
```

```
        email_prompt.innerHTML="Email 格式不正确，必须包含 @ 和 .";
        return false;
    }
}
```

> **提示：**
>
> 文本框验证时，首先要获得文本框对象，可以定义一个名为 "$" 的有参函数来获取文本框的对象。
>
> ```
> function $(elementId){
>   return document.getElementById(elementId);
> }
> ```
>
> 这时获取电子邮箱的值即可简化为：var email=$("email").value;

到这里，我们就轻松完成任务 1 了，但需要注意，只有在触发 onblur 事件时才能即时验证。如果直接单击 "提交" 按钮，实现每项验证，则需要定义一个函数，用于实现调用所有表单元素的验证函数，返回 true 或 false，由表单的 onsubmit 事件来调用。

关键代码：

```
function check(){
    if(checkEmail()&&checkPwd())  // 这里以验证电子邮箱和密码为例
        return true;
    return false;
}
```

任务 2　　升级任务 1，加入正则表达式实现页面注册信息验证功能

关键步骤如下：

➢　根据各输入框的要求，写出对应的正则表达式。

➢　构造相应的 RegExp 对象。

➢　利用 RegExp 对象的 test() 方法验证。

➢　输入测试数据，对各项输入进行验证。

5.2.1　正则表达式

1. 正则表达式概述

（1）为什么需要正则表达式

任务 1 中使用 String 对象验证电子邮箱、用户名、密码等文本输入内容，在编写验证脚本时，会发现有些验证需要写许多判断条件，但仍然不够严谨，如在验证电子邮箱时，当用户输入的邮箱是 "23@." 时，却验证通过，显然这样简单的验证是不能严谨地验证邮箱的正确性的。对于复杂的验证，需要使用正则表达式来简化验证代码

并达到严谨的目的。

（2）什么是正则表达式

正则表达式是一个描述字符模式的对象，由一些特殊的符号组成，其组成的字符模式用来匹配各种表达式。表 5-3 列出了正则表达式中常用的符号和用法。

表 5-3　正则表达式中常用的符号和用法

符　号	描　述
/···/	代表一个模式的开始和结束
^	匹配字符串的开始
$	匹配字符串的结束
\s	任何空白字符
\S	任何非空白字符
\d	匹配一个数字字符，等价于 [0-9]
\D	除了数字之外的任何字符，等价于 [^0-9]
\w	匹配一个数字、下划线或字母字符，等价于 [A-Za-z0-9_]
.	除了换行符之外的任意字符

表 5-3 中的字符只表示可以匹配哪些字符，字符可以出现的次数同样需要用特殊符号表示，表 5-4 列出了正则表达式的重复字符。

表 5-4　正则表达式的重复字符

符　号	描　述
{n}	匹配前一项 n 次
{n,}	匹配前一项 n 次，或者多次
{n,m}	匹配前一项至少 n 次，但是不能超过 m 次
*	匹配前一项 0 次或多次，等价于 {0,}
+	匹配前一项 1 次或多次，等价于 {1,}
?	匹配前一项 0 次或 1 次，也就是说前一项是可选的，等价于 {0,1}

通过表 5-3 和表 5-4，了解了正则表达式中字符的含义。表中"$""+""?"等符号被赋予了特殊的含义。如果在一个正则表达式中要匹配这些字符本身，则需要使用反斜杠"\"来进行字符转义，将这些元字符作为普通字符来进行匹配。例如，正则表达式中的"\$"用来匹配美元符号，"\."用来匹配点号字符，而不是任何字符的通配符。

⊃ 示例3

编写匹配用户名表达式，要求以字母开头，只能由英文字母和数字组成，4 ～ 16 个字符。

1）确定匹配的字符：以字母开头，用 [a-zA-Z] 表示（仅表示一位），其他字符是英文字母和数字，用 [a-zA-Z0-9] 表示。

2）确定各字符出现的次数：要求 4 ～ 16 个字符，去掉首字符，其他字符的个数用 {3,15} 表示，结合匹配字符串的开始和结束的特殊字符。

关键代码：

/^[a-zA-Z][a-zA-Z0-9]{3,15}$/

⮕ 示例4

编写匹配电子邮箱的表达式。

1）写一个正确的电子邮箱。

2）按照 "@" 和 "." 将其拆分为 3 部分，进行分部匹配，如图 5.3 所示。

图 5.3　电子邮箱匹配的字符

3）按照先确定字符再确定字符个数的思路编写。

① 确定字符：/^\w@\w.[a-zA-Z] $/。

② 确定字符个数，"@" 之前和 "@" 与点号中间的个数是 1 次或多次，用 "+" 来表示，点号后面的字符，一般都是 .com 或 .cn 等域名，字符是 2 ～ 3 个，可以用 {2,3} 表示。

③ 用 "\." 来匹配点号字符。

④ 表达式为：/^\w+@\w+\.[a-zA-Z]{2,3}$/。

⑤ 其实电子邮箱也可能包含两个点号，例如，雅虎电子邮箱的后缀就是 @yahoo.com.cn，表达式编写完成如下：

/^\w+@\w+(\.[a-zA-Z]{2,3}){1,2}$/

2. 正则表达式的 RegExp 对象

学会了如何编写一个字符串验证的正则表达式，若要将正则表达式应用在表单验证上，还需要使用正则表达式的 RegExp 对象。RegExp（Regular Expression，正则表达式）对象是对字符串执行模式匹配的强大工具。

定义正则表达式有两种方式，一种是普通方式，另一种是构造函数方式。

（1）普通方式

普通方式的语法：

var reg=/ 表达式 / 附加参数

➤　表达式：一个字符串，指定了正则表达式的模式。

➤　附加参数：用来扩展表达式的含义，主要有 3 个参数。

◆　g：代表可以进行全局匹配；

◆　i：代表不区分大小写匹配；

◆　m：代表可以进行多行匹配。

上面 3 个参数可以任意组合，代表复合含义，当然也可以不加参数。例如：

```
var reg=/white/;
var reg=/white/gi;
var reg=/^\d{2,8}$/m;
```

● 示例5

定义验证电子邮箱的表达式。

关键代码：

```
var reg=/^\w+@\w+(\.[a-zA-Z]{2,3}){1,2}$/;
```

（2）构造函数方式

构造函数方式的语法：

```
var reg=new RegExp( 表达式 , 附加参数 );
```

其中，表达式与附加参数的含义与上面普通方式中的含义相同，例如：

```
var reg=new RegExp("white");
var reg=new RegExp("white","g");
```

另外，当表达式是正则表达式而不是字符串时，则省略附加参数，例如：

```
var reg=new RegExp(/^\d{2,8}$/);
```

> 📢 **注意：**
>
> 　　普通方式中的表达式必须是一个常量字符串，而构造函数中的表达式既可以是一个常量字符串，也可以是一个 JavaScript 变量，例如，根据用户的输入作为表达式的参数：
>
> 　　　　`var reg=new RegExp(document.getElementById("id").value,"g");`

使用正则表达式验证还需要了解 RegExp 对象的 test() 方法，test() 方法用于检测一个字符串是否匹配某个表达式。test() 方法语法：

```
正则表达式对象实例 .test( 字符串 )
```

如果字符串中含有与正则表达式匹配的文本，则返回 true，否则返回 false，例如：

```
var str="my cat";
var reg=/cat/;
var result=reg.test(str); // 返回 true
```

● 示例6

使用正则表达式来验证电子邮箱。关键代码如下：

```
function checkEmail(){
    var email=document.getElementById("email").value;
    var email_prompt=document.getElementById("email_prompt");
    email_prompt.innerHTML="";
    var reg=/^\w+@\w+(\.[a-zA-Z]{2,3}){1,2}$/;
    if(reg.test(email)==false){
```

```
        email_prompt.innerHTML="Email 格式不正确，例如 web@sohu.com";
        return false;
    }
    return true;
}
```

5.2.2　String 对象与正则表达式

JavaScript 除了支持 RegExp 对象的正则表达式方法外，还支持 String 对象的正则表达式方法。String 对象定义了使用正则表达式来执行强大的模式匹配和文本检索与替换函数的方法，String 对象的方法如表 5-5 所示。

表 5-5　String 对象的方法

方　　法	描　　述
match()	找到一个或多个正则表达式的匹配
search()	检索与正则表达式相匹配的值
replace()	替换与正则表达式匹配的字符串
split()	把字符串分割为字符串数组

1．match() 方法

match() 方法可以在字符串内检索指定的值，找到一个或多个正则表达式的匹配。该方法类似于 String 对象的 indexOf()，但 indexOf() 返回字符串的位置，而不是指定的值。

match() 的语法：

字符串对象 .match(searchString 或 regexpObject);

searchString 是要检索的字符串的值，regexpObject 是规定要匹配模式的 RegExp 对象。例如：

```
var str="my cat";
var reg=/cat/;
var result=str.match(reg);
```

result 的值为 cat。

2．search() 方法

search() 方法用于检索字符串中指定的子字符串，或检索与正则表达式相匹配的子字符串。该方法不执行全局匹配，仅返回子字符串的第一个匹配的位置，如果没找到任何匹配的子字符串，则返回 -1，与 String 对象的 indexOf() 方法用法类似。

search() 语法：

字符串对象 . search(searchString 或 regexpObject);

例如：

```
var str="Hello rock!rock!";
var result=str.search(/rock/);
```

result 的值为 6。

3. replace() 方法

replace() 方法用于在字符串中用一些字符替换另一些字符，或替换一个与正则表达式匹配的子串。

replace() 语法：

字符串对象 .replace(RegExp 对象或字符串 , " 替换的字符串 ")

如果设置了全文搜索，则符合条件的 RegExp 或字符串都将被替换，否则只替换第一个，返回替换后的字符串，例如：

```
var str="My little white cat,is really a very lively cat";
var result=str.replace(/cat/,"dog");
var results=str.replace(/cat/g,"dog");
```

result 的值为：

My little white dog,is really a very lively cat

results 的值为：

My little white dog,is really a very lively dog

4. split() 方法

split() 方法将字符串分割成一系列子串并通过一个数组将这一系列子串返回。

split() 语法：

字符串对象 .split(分割符 ,n)

分割符可以是字符串，也可以是正则表达式。n 为限制输出数组的个数，为可选项，如果不设置 n，则返回包含整个字符串的元素数组，例如：

```
var str="red,blue,green,white";
var result=str.split(",");
var string="";
for(var i=0;i<result.length;i++){
    string+=result[i]+"\n";
}
alert(string);
```

在浏览器中运行上面的代码，弹出图 5.4 所示的提示框。　图 5.4　split() 方法的应用

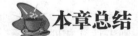 **本章总结**

本章学习了以下知识点：

➢ String 对象的属性和方法。

➢ 文本框对象的事件、属性和方法。

➢ String 对象操作和处理字符串文本，与 onblur 和 onfocus 等事件相结合，验证用户输入的文本内容。

➢ 使用正则表达式进行表单验证。

**本章练习**

1. 实现休闲网注册验证页面，要求如图 5.5 和图 5.6 所示。

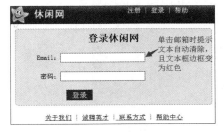

图 5.5 Email 文本框中自动显示提示文本　　　　图 5.6 文本框边框的变化效果

2. 制作按 Enter 键切换的输入效果，当在页面上按 Enter 键时，完成在表单中各个文本框之间顺序切换的功能，但是当鼠标光标停在"确定"按钮上按 Enter 键时，不进行切换。并且当鼠标光标在某个文本框中时，文本框后显示提示的输入信息，如图 5.7 所示。当鼠标光标离开输入框时，如果输入的内容不正确将显示错误的提示信息，如图 5.8 所示。

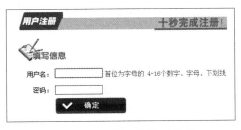

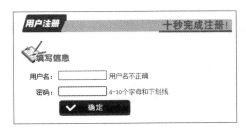

图 5.7 显示输入的提示信息　　　　图 5.8 提示错误信息

> 提示：
> ➢ 按 Enter 键就能把输入焦点转移到下一个文本框，所以要使用键盘输入事件 onkeydown。当键盘上的一个键被按下时，就会触发 onkeydown 事件。
> ➢ 由于按 Enter 键时可使光标在文本框之间切换，即 Enter 键代替了 Tab 键。
> ➢ keyCode 用于键盘事件，给出所按键的 Unicode 码。Enter 键的 Unicode 码为 13，Tab 键的 Unicode 码为 9，把 Enter 键的 Unicode 码转变为 Tab 键的就可以了。
> ➢ 按 Enter 键时，要判断当前鼠标指针是否在"确定"按钮上，如果在"确定"按钮上，则不进行切换。

3. 使用正则表达式制作注册页面，布局简单随意即可，具体要求如下：

➢ 用户名只能由英文字母和数字组成，长度为 4 ～ 16 个字符，并且以英文字母开头。

➢ 密码只能由英文字母和数字组成，长度为 4 ～ 10 个字符。

➢ 生日的年份在 1900 ～ 2009 之间，生日格式为 1980-5-12 或 1988-05-04 的形式。

➢ 5P 邮箱为正确格式。

第6章

jQuery 制作网页特效

▶ **本章重点**

※ jQuery、Ajax、JSON 的简介及其应用
※ DOM 高级编程以及 jQuery 语法结构
※ 使用 jQuery 循环结构制作轮播图效果
※ 请求 Ajax 步骤
※ jQuery 处理 JSON 数据的方法

▶ **本章目标**

※ 了解 jQuery、Ajax、JSON 的简介及其应用
※ 理解 jQuery 的基本语法结构
※ 会使用 Ajax 步骤请求 JSON 数据
※ 掌握 jQuery 处理 JSON 数据的方法

本章任务

学习本章，完成 3 个工作任务。记录学习过程所遇到的问题，可以通过自己的努力或访问 kgc.cn 解决。

任务 1：使用 jQuery 实现轮播图效果

任务 2：使用 Ajax 刷新最新动态

任务 3：模拟 JSON 数据实现瀑布流效果

任务 1　　使用 jQuery 实现轮播图效果

6.1.1　jQuery 简介

自 Web 2.0 兴起以来，越来越多的人开始重视人机交互，改善网站的用户体验也被越来越多的企业、团体提上日程。以构建交互式网站、改善用户体验著称的主流脚本语言 JavaScript 从而受到人们的追捧，一系列 JavaScript 程序库也随之蓬勃发展起来，它们各有所长，日渐呈现百家争鸣之势。从早期的 Prototype、Dojo 到之后的 jQuery、ExtJS，互联网中正在掀起一场热烈的 JavaScript 风暴，而 jQuery 以其简约、优雅的风格，始终位于这场风暴的中心，得到了越来越多的赞誉与推崇。

通过本章的学习，你将对 jQuery 的概念、jQuery 与 JavaScript 的关系和 jQuery 程序的基本结构有一个感性的认识，能够开发出自己的第一个 jQuery 程序，制作一些简单且常见的交互效果。

什么是 jQuery？在正式介绍 jQuery 之前，有必要了解一下为什么选择 jQuery。

1. 为什么选择 jQuery

众所周知，jQuery 是 JavaScript 的程序库之一，它是 JavaScript 对象和实用函数的封装。为什么要选择 jQuery 呢？

首先看看如图 6.1 所示的隔行变色的表格。

该表格的效果使用 JavaScript 与 jQuery 均能实现，两者在实现上到底有什么区别呢？下面就分别使用 JavaScript 和 jQuery 实现隔行变色表格的效果，再做对比。

使用 JavaScript 实现如图 6.1 所示的效

图 6.1　隔行变色的表格

果，代码如下所示：

```
<script type="text/javascript">
window.onload = function () {                          // 加载 HTML 文档
   var trs = document.getElementsByTagName("tr");      // 获取行对象集合
   for (var i = 0; i <= trs.length; i++) {             // 遍历所有行
      if (i % 2 == 0) {                                 // 判断奇偶行
         var obj = trs[i];                              // 根据序号获取行对象
         obj.style.backgroundColor = "#ccc";            // 为所获取的行对象添加背景颜色
      }
   }
}
</script>
```

使用 jQuery 实现如图 6.1 所示的效果，代码如下所示：

```
<script src="js/jquery-1.8.3.js" type="text/javascript"></script>/* 引入 jQuery 库文件 */
<script type="text/javascript">
$(document).ready(function() {                         // 加载 HTML 文档
    $("tr:even").css("background-color","#ccc");       // 为表格的偶数行添加背景颜色
});
</script>
```

比较以上两段代码不难发现，使用 jQuery 制作交互特效的语法更为简单，代码量大大减少了。

此外，使用 jQuery 与单纯使用 JavaScript 相比最大的优势是能使页面在各浏览器中保持统一的显示效果，即不存在浏览器兼容性问题。例如，使用 JavaScript 获取 id 为 "title" 的元素，在 IE 中，可以使用 eval("title") 或 getElementById("title")。如果使用 eval("title") 获取元素，则在 Firefox 浏览器中将不能正常显示，因为在 Firefox 浏览器中，只支持使用 getElementById("title") 获取 id 为 "title" 的元素。

由于各浏览器对 JavaScript 的解析方式不同，因此在使用 JavaScript 编写代码时，就需要分 IE 和非 IE 两种情况来考虑，以保证各个浏览器中的显示效果一致。这对一些开发经验尚浅的人员来说，难度非常大，一旦考虑不周全，就会导致用户使用网站时的体验性变差，从而流失部分潜在客户。

其次，JavaScript 是一种面向 Web 的脚本语言。大部分网站都使用了 JavaScript，并且现有浏览器（基于桌面系统、平板电脑、智能手机和游戏机的浏览器）都包含了 JavaScript 解释器。JavaScript 的出现使得网页与用户之间实现了实时、动态的交互，使网页包含了更多活泼的元素，使用户的操作变得更加简单便捷。而 JavaScript 本身存在两个弊端：一个是复杂的文档对象模型，另一个是不一致的浏览器实现。

基于以上背景，为了简化 JavaScript 开发，解决浏览器之间的兼容性问题，一些 JavaScript 程序库随之诞生，JavaScript 程序库又称之为 JavaScript 库。JavaScript 库封装了很多预定义的对象和实用函数，能够帮助开发人员轻松地搭建具有高难度交互的客户端页面，并且完美地兼容各大浏览器。目前流行的 JavaScript 库如表 6-1 所示。

表 6-1　目前流行的 JavaScript 库

LOGO	名　称
prototype	Prototype
dojo	Dojo
Ext JS	Ext JS
jQuery	jQuery
yui	YUI
mootools	MooTools

由于各个 JavaScript 库都各有其优缺点，同时也各自拥有支持者和反对者。从图 6.2 所示的较为流行的几个 JavaScript 库的 Google 访问量趋势中可以明显看出：自从 jQuery 诞生开始，它的关注度就一直处于稳步上升状态。jQuery 在经历了若干次版本更新中，逐渐从其他 JavaScript 库中脱颖而出，成为 Web 开发人员的最佳选择。

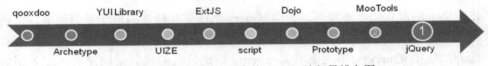

图 6.2　各种 JavaScript 库的 Google 访问量排名图

2. jQuery 简介

jQuery 是继 Prototype 之后又一个优秀的 JavaScript 库，是由美国人 John Resig 于 2006 年创建的开源项目。目前的 jQuery 团队主要包括核心库、UI、插件和 jQuery Mobile 等开发人员及推广人员、网站设计人员、维护人员。随着人们对它的日渐熟知，越来越多的程序高手加入其中，完善并壮大其项目内容，这促使 jQuery 逐步发展成为如今集 JavaScript、CSS、DOM 和 Ajax 于一体的强大框架体系。

作为 JavaScript 的程序库，jQuery 凭借简洁的语法和跨浏览器的兼容性，极大地简化了遍历 HTML 文档、操作 DOM、处理事件、执行动画和开发 Ajax 的代码，从而广泛应用于 Web 应用开发，如导航菜单、轮播广告、网页换肤和表单校验等方面。其简约、雅致的代码风格，改变了 JavaScript 程序员的设计思路和编写程序的方式。

总之，无论是网页设计师、后台开发者、业余爱好者，还是项目管理者；无论是 JavaScript "菜鸟"，还是 JavaScript "大侠"，都有足够的理由学习 jQuery。

3. jQuery 的用途

jQuery 是 JavaScript 的程序库之一，因此，许多使用 JavaScript 能实现的交互特效，使用 jQuery 都能完美地实现，下面就从 5 个方面来简单介绍一下 jQuery 的应用场合。

（1）访问和操作 DOM 元素

使用 jQuery 可以很方便地获取和修改页面中的指定元素，无论是删除、移动还是复制某元素，jQuery 都提供了一整套方便、快捷的方法，既减少了代码的编写，又大大提高了用户对页面的体验度，如添加、删除商品、留言、个人信息等。图 6.3 展示的是在腾讯 QQ 空间中删除说说信息，该功能就用到了 jQuery。

图 6.3　在 QQ 空间中删除说说信息

（2）控制页面样式

通过引入 jQuery，程序开发人员可以很便捷地控制页面的 CSS 文件。浏览器对页面文件的兼容性，一直以来都是页面开发者最为头痛的事情，而使用 jQuery 操作页面的样式可以很好地兼容各种浏览器。最典型的有微博、博客、邮箱等的换肤功能。图 6.4 所示的网易邮箱的换肤功能也是基于 jQuery 实现的。

（3）对页面事件的处理

引入 jQuery 后，可以使页面的表现层与功能开发分离，开发者更多地专注于程序的逻辑与功效；页面设计者则侧重于页面的优化与用户体验。通过事件绑定机制，可以很轻松地实现两者的结合。图 6.5 所示的"去哪儿"网的搜索模块的交互效果，就应用了 jQuery 对鼠标事件的处理。

（4）方便地使用 jQuery 插件

引入 jQuery 后，可以使用大量的 jQuery 插件来完善页面的功能和效果。如 jQuery UI 插件库、Form 插件、Validate 插件等，这些插件的使用极大地丰富了页面的展示效果，使原来使用 JavaScript 代码实现起来非常困难的功能通过 jQuery 插件可轻松地实现。图 6.6 所示的 3D 幻灯片就是由 jQuery 的 Slicebox 插件实现的。

图 6.4　网易邮箱换肤功能

图 6.5　"去哪儿"网的搜索模块

图 6.6　3D 幻灯片

（5）与 Ajax 技术的完美结合

利用 Ajax 异步读取服务器数据的方法，极大地方便了程序的开发，增强了页面交互，提升了用户体验；而引入 jQuery 后，不仅完善了原有的功能，还减少了代码的书写，通过其内部对象或函数，加上几行代码就可以实现复杂的功能。图 6.7 所示的京东商城注册表单校验就用到了 jQuery。

图 6.7　京东商城注册表单校验

4．jQuery 的优势

jQuery 的主旨是 write less，do more（以更少的代码，实现更多的功能）。jQuery 独特的选择器、链式操作、事件处理机制和封装，以及完善的 Ajax 都是其他 JavaScript 库所望尘莫及的。总体来说，jQuery 主要有以下优势。

> 轻量级。jQuery 的体积较小，压缩之后，大约只有 100KB。

> 强大的选择器。jQuery 支持几乎所有的 CSS 选择器，以及 jQuery 自定义的特有选择器。由于 jQuery 具有支持选择器这一特性，使得具备一定 CSS 经验的开发人员学习 jQuery 更加容易。

> 出色的 DOM 封装。jQuery 封装了大量常用的 DOM 操作，使开发者在编写 DOM 操作相关程序的时候能够更加得心应手。jQuery 能够轻松地完成各种使用 JavaScript 编写时非常复杂的操作，即使 JavaScript 新手也能编写出出色的程序。

> 可靠的事件处理机制。jQuery 的事件处理机制吸收了 JavaScript 中的事件处理函数的精华，使得 jQuery 在处理事件绑定时非常可靠。

> 出色的浏览器兼容性。作为一个流行的 JavaScript 库，解决浏览器之间的兼容性是必备的条件之一。jQuery 能够同时兼容 IE 6.0+、Firefox 3.6+、Safari 5.0+、Opera 和 Chrome 等多种浏览器，使显示效果在各浏览器之间没有差异。

> 隐式迭代。当使用 jQuery 查找到相同名称（类名、标签名等）的元素后隐藏它们时，无须循环遍历每一个返回的元素，它会自动操作所匹配的对象集合，而不是单独的对象，这一举措使得大量的循环结构变得不再必要，从而大幅地减少了代码量。

> 丰富的插件支持。jQuery 的易扩展性，吸引了来自全球的开发者来编写 jQuery 的扩展插件。目前已经有成百上千的官方插件支持，而且还不断有新插件面世。

通过以上对 jQuery 的介绍，大家是不是想要一试为快了呢？下面就来开启 jQuery 魔法盒子。

6.1.2 DOM 高级编程

在进行 jQuery 后续学习之前，必须首先了解一下 DOM 编程相关的内容。在第 5 章中我们已经知道 DOM 是 JavaScript 的重要组成部分之一。本节就来学习 DOM 编程。

1. 什么是 DOM

DOM 是 Document Object Model（文档对象模型）的简称，是 HTML 文档对象模型（HTML DOM）定义的一套标准方法，用来访问和操纵 HTML 文档。1998 年，W3C 发布了第一版的 DOM 规范，这个规范允许访问和操作 HTML 页面中的每一个单独元素，例如网页的表格、图片、文本、表单元素等，大部分主流的浏览器都执行了这个标准，因此 DOM 的兼容性问题也几乎难觅踪影了。

如果要对 HTML 文档中的元素进行访问、添加、删除、移动或重排页面上的元素，JavaScript 就需要对 HTML 文档中所有元素的方法和属性进行改变，这些都是通过文档对象模型（DOM）来获得的。

DOM 是以树状结构组织 HTML 文档的，根据 DOM，HTML 文档中每个标签或元素都是一个节点，DOM 是这样规定的：

> 整个文档是一个文档节点。
> 每个 HTML 标签都是一个元素节点。
> 包含在 HTML 元素中的文本是文本节点。
> 每一个 HTML 属性都是一个属性节点。
> 注释属于注释节点。

一个 HTML 文档是由各个不同的节点组成的，请看下面的 HTML 文档。

```
<html>
<head>
<title>DOM 节点 </title>
</head>
<body>
<a href="fruit.html"> 我的链接 </a>
<h1> 我的标题 </h1>
<p>DOM 应用 </p>
</body>
</html>
```

上面的文档由 <html>、<head>、<title>、<body>、<h1>、<p> 及文本节点组成，这些节点都存在着关系，例如 <head> 和 <body> 的父节点都是 <html>，文本节点"DOM

应用"的父节点是 <p> 节点，它们之间的关系如图 6.8 所示。

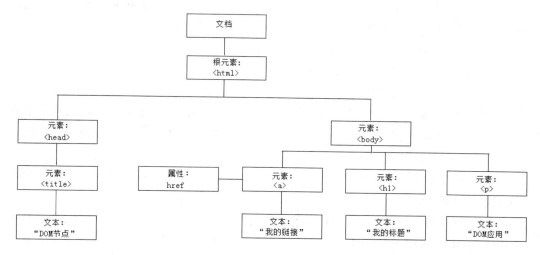

图 6.8　文档节点结构图

在一个文档中，大部分元素节点都有子节点，例如，<head> 节点有一个子节点 <title>，<title> 也有一个子节点，即文本节点"DOM 节点"。当几个节点分享同一个父节点时，它们就是同辈，即它们是兄弟节点，例如 <a>、<h1> 和 <p> 就是兄弟节点，它们的父节点均为 <body> 节点。

当网页被加载时，浏览器会自动创建页面的文档对象模型（DOM），也就构造出了文档对象树。通过可编程的对象模型，JavaScript 就可以动态地控制或者说创建 HTML 文档，实际上就是赋予了 JavaScript 如下的能力：

➢　改变页面中的 HTML 元素
➢　改变页面中的 HTML 属性
➢　改变页面中的 CSS 样式
➢　对页面中的事件做出反应

简单来讲就是，DOM 可被 JavaScript 用来读取、改变 HTML、XHTML 以及 XML 文档，因此 DOM 由三部分组成，分别是 Core DOM、XML DOM 和 HTML DOM。

➢　Core DOM：也称核心 DOM 编程，定义了一套标准的针对任何结构化文档的对象，包括 HTML、XHTML 和 XML。
➢　XML DOM：定义了一套标准的针对 XML 文档的对象。
➢　HTML DOM：定义了一套标准的针对 HTML 文档的对象。

我们主要学习通用的核心 DOM 编程以及针对 HTML 文档的 DOM 编程。

2. 动态改变 HTML 文档结构

使用 DOM 操作 HTML 文档的节点，包括查看节点、创建或增加一个节点、删除或者是替换文档中的节点，通过这几种操作可以动态地改变 HTML 文档的内容，下面首先学习如何查看文档节点。

（1）查找 HTML 节点元素

查找节点元素是所有操作中最基本的要求，因为你必须要先找到这个节点元素，然后才能开始操纵它。通常通过三种方式进行节点元素的查找：

➢ 通过 id 方式查找 HTML 元素

➢ 通过标签名查找 HTML 元素

➢ 通过类名查找 HTML 元素

无论是采用哪种方式查找节点，基本都是通过 getElement 系列方法访问指定节点的。其中通过类名查找的方式在很多浏览器的版本中已经失效，这里不再进行介绍。我们只选择常用的进行介绍。

在 HTML 文档中，访问节点的标准方法是 getElementById()、getElementsByName() 和 getElementsByTagName()，只是它们查找的方法略有不同。

➢ getElementById()：是 HTML DOM 提供的查找方法，它是按 id 属性查找的。

➢ getElementsByName()：是 HTML DOM 提供的查找方法，它是按 name 属性查找的，由于一个文档中可能会有多个同名节点（如复选框、单选按钮），所以返回的是元素数组。

➢ getElementsByTagName()：是 Core DOM 提供的查找方法，它是按标签名 TagName 查找的，由于一个文档中可能会有多个同类型的标签节点（如图片组、文本输入框），所以返回元素数组。

如果我们想动态地改变文档中某些元素的属性，例如，改变一个图片的路径，使之动态地在页面中显示另一个图片，或者是改变一个节点中的文本、超链接等，该如何实现呢？DOM 提供了获取及改变节点属性值的标准方法。

➢ getAttribute(" 属性名 ")：用来获取属性的值。

➢ setAttribute(" 属性名 "," 属性值 ")：用来设置属性的值。

下面我们使用访问节点的几种方法，并且结合方法 getAttribute() 和 setAttribute() 来读取、设置属性的值，以动态地改变页面的内容。

➲ 示例 1

```
......// 省略部分 HTML 代码
<script type="text/javascript">
function hh(){
    var hText=document.getElementById("fruit").getAttribute("src");
    alert(" 图片的路径是 :"+hText)
}
function check(){
    var favor=document.getElementsByName("enjoy");
    var like=" 你喜欢的水果是 :";
    for(var i=0;i<favor.length;i++){
        if(favor[i].checked==true){
            like+="\n"+favor[i].getAttribute("value");
        }
```

```
        }
      alert(like);
   }
   function change(){
      var imgs=document.getElementsByTagName("img");
      imgs[0].setAttribute("src","images/grape.jpg");
   }
</script>
</head>
<body>
<img src="images/fruit.jpg" alt=" 水果图片 " id="fruit" />
<h1 id="love"> 选择你喜欢的水果 :</h1>
<input name="enjoy" type="checkbox" value="apple" /> 苹果
<input name="enjoy" type="checkbox" value="banana" /> 香蕉
<input name="enjoy" type="checkbox" value="grape" /> 葡萄
<input name="enjoy" type="checkbox" value="pear" /> 梨
<input name="enjoy" type="checkbox" value="watermelon" /> 西瓜
<br />
<input name="btn" type="button" value=" 显示图片路径 " onclick="hh()" />
<br /><input name="btn" type="button" value=" 喜欢的水果 " onclick="check()" />
<br /><input name="btn" type="button" value=" 改变图片 " onclick="change()" />
</body>
```

在浏览器中运行示例 1，页面效果如图 6.9 所示，页面中有一幅图片、一个 <h1> 标签、五个同名复选框和三个按钮。

图 6.9　页面效果图

单击"显示图片路径"按钮，使用 getElementById() 方法直接访问图片，且使用 getAttribute() 方法通过路径属性"src"读取到图片的路径，最后应用 alert() 方法显示出来，如图 6.10 所示。单击"喜欢的水果"按钮，使用 getElementsByName() 方法读取同名复选框，然后以读取数组的方式依次使用 getAttribute() 方法读取复选框的属性"value"，来显示复选框的值，例如，当选取苹果、葡萄和西瓜时，显示如图 6.11 所示的提示框。

图 6.10　显示图片路径　　　　　　图 6.11　显示喜欢的水果

"改变图片"按钮的功能是动态地改变页面中的图片，使页面显示另一个图片。首先使用 getElementsByTagName() 方法获取页面中的所有图片，返回一个图片数组，由于本页只有一个图片，因此直接读取第一个图片，然后使用 setAttribute() 方法改变图片路径属性"src"的值，改变后的页面如图 6.12 所示。

图 6.12　图片改变后的页面效果图

（2）改变 HTML 内容及属性

改变 HTML 的内容，这里只介绍一种方法，就是使用 innerHTML 属性。语法如下：

document.getElementById(id).innerHTML=" 新内容 ";

先来看一个简单的例子。

⊃ 示例 2

```
<!DOCTYPE html>
<html>
<head lang="en">
</head>
<body>
<p id="p1"> 我的主页面 </p>
<script type="text/javascript">
    document.getElementById("p1").innerHTML=" 我的测试 ";
</script>
</body>
</html>
```

运行示例 2，首先显示的页面效果是图 6.13，执行 JavaScript 后，效果变为图 6.14。

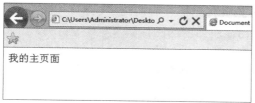

图 6.13　页面运行效果

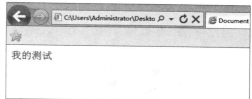

图 6.14　页面内容改变

通过 innerHTML 属性，改变了 id 为 p1 的 <p> 标签的内容，由"我的主页面"变成了"我的测试"。

改变 HTML 的内容，使用的是 innerHTML 属性，如果要改变元素的属性，则对元素的属性直接赋新值即可，语法如下：

document.getElementById(id). 属性名 =" 新属性值 ";

➲ 示例 3

```
<html>
<head>
<title> 使用 HTML DOM 对象的属性访问节点 </title>
<script type="text/javascript">
function change(){
    var imgs=document.getElementById("s1");
    imgs.src="images/grape.jpg";
}
</script>
</head>
<body>
<img src="images/fruit.jpg" id="s1" alt=" 水果图片 " /><br />
<input name="b1" type="button" value=" 改变图片 " onclick="change()" />
</body>
</html>
```

示例 3 中，在改变图片路径的函数 change() 中，通过 getElementById() 方法访问图片节点，即图片对象，然后直接使用 imgs.src="images/grape.jpg" 来改变图片路径。运行效果就是点击图 6.15 中的按钮，图片由 fruit.jpg 变成了 grape.jpg，如图 6.16 所示。

这里需要说明的是，以下代码：

var imgs=document.getElementById("s1");

imgs.src="images/grape.jpg";

等同于：

document.getElementById("s1").src="images/grape.jpg";

（3）改变 HTML CSS 样式

CSS 样式在页面中应用得非常频繁，使用这些样式可以实现页面中不同样式的特效，但是这些特效都是静态的，不能随着鼠标指针的移动或者键盘的操作来动态地改变，使页面实现更炫的效果。例如，当鼠标指针放在如图 6.17 所示的图片上时，图片的边框加粗显示并且边框颜色变为橙色；当鼠标指针移出图片时，图片恢复原来的状态，这样当鼠标指针停在某个图片上时，可以突出显示当前的图片。

图 6.15　图片改变前

图 6.16　图片改变后

那么 6.17 所示的效果怎么实现呢？其实我们可以使用已经学过的 getElement 系列方法访问页面的图片，并且改变元素的属性，那么如何根据鼠标指针的移进移出来动态地改变元素的样式属性呢？在 JavaScript 中，有两种方式可以动态地改变样式的属性，一种是使用样式的 style 属性，另一种是使用样式的 className 属性，下面主要介绍 style 属性的用法，关于 className 属性可自行搜索相关资料学习。

图 6.17　改变图片样式

在 HTML DOM 中，style 是一个对象，代表一个单独的样式声明，可从应用样式的文档或元素访问 style 对象。使用 style 属性改变样式的语法如下：

document.getElementById(id).style. 样式属性 = " 值 ";

假如在页面中有一个 id 为 titles 的 div，要改变 div 中的字体颜色为红色，字体大小为 13px，代码如下所示：

document.getElementById("titles").style.color="#ff0000";
document.getElementById("titles").style.font-size="13px ";

在浏览器中运行该页面后发现页面出现错误，通过程序调试发现改变字体大小的代码出现了错误，为什么？

在 JavaScript 中使用 CSS 样式与在 HTML 中使用 CSS 样式稍有不同，由于在 JavaScript 中"-"表示减号，因此如果样式属性名称中带有"-"号，要省去"-"，并且"-"后的首字母要大写。例子中 font-size 对应的 style 对象的属性名称应为 fontSize。

在 style 对象中有许多样式属性，但是常用的样式属性主要是背景、文本、边框等，如表 6-2 所示。

表 6-2　style 对象的常用属性

类别	属性	描述
background （背景）	backgroundColor	设置元素的背景颜色
	backgroundImage	设置元素的背景图像
	backgroundRepeat	设置是否及如何重复背景图像
text （文本）	fontSize	设置元素的字体大小
	fontWeight	设置字体的粗细
	textAlign	排列文本
	textDecoration	设置文本的修饰
	font	设置同一行字体的属性
	color	设置文本的颜色
padding （边距）	padding	设置元素的填充
	paddingTop paddingBottom paddingLeft paddingRight	设置元素的上、下、左、右填充
border （边框）	border	设置四个边框的属性
	borderTop borderBottom borderLeft borderRight	设置上、下、左、右边框的属性

使用这些样式可以动态地改变背景图片和字体的大小、颜色等。

3. DOM 对象

以上所学习的内容中，无论是改变 HTML 的内容属性，还是改变 CSS 样式，其实，我们都是在操作 DOM 对象。

前面的学习中，我们已经了解了在 JavaScript 中使用 getElementsByTagName() 或者 getElementById() 来获取元素节点，其实，通过该方式得到的 DOM 元素就是 DOM 对象，DOM 对象可以使用 JavaScript 中的方法，总结起来就是如下代码：

```
var objDOM=document.getElementById("id");       // 获得 DOM 对象
var objHTML=objDOM.innerHTML;                    // 使用 JavaScript 中的 innerHTML 属性
```

6.1.3 jQuery 语法结构

有了 DOM 对象的概念，接下来我们就可以进一步地学习 jQuery 了。

1. 第一个 jQuery 程序

首先，编写一个简单的 jQuery 程序，该程序需要实现：在页面完成加载时，弹出一个对话框，显示"我欲奔赴沙场征战 jQuery，势必攻克之！"，代码如示例 4 所示。

⊃ 示例 4

```
<!DOCTYPE html PUBLIC "-//W3C//DTD XHTML 1.0 Transitional//EN"
  "http://www.w3.org/TR/xhtml1/DTD/xhtml1-transitional.dtd">
<html xmlns="http://www.w3.org/1999/xhtml">
<head>
<meta http-equiv="Content-Type" content="text/html; charset=utf-8" />
<title> 第一个 jQuery 程序 </title>
<script src="js/jquery-1.8.3.js" type="text/javascript"></script>
<script>
$(document).ready(function() {
 alert(" 我欲奔赴沙场征战 jQuery，势必攻克之！ ");
});
</script>
</head>
<body>
</body>
</html>
```

其运行结果如图 6.18 所示。

图 6.18　第一个 jQuery 程序

这段代码中 $(document).ready() 语句中的 ready() 方法类似于传统 JavaScript 中的 onload() 方法，它是 jQuery 中载入页面事件的方法。$(document).ready() 与在 JavaScript 中的 window.onload 非常相似，它们都意味着在页面加载完成时，执行事件，即弹出如图 6.18 所示的提示对话框。例如，如下 jQuery 代码：

```
$(document).ready(function() {
 // 执行代码
```

```
});
```

类似于如下 JavaScript 代码：

```
window.onload=function(){
 // 执行代码
};
```

2. jQuery 语法结构

通过示例 4 中的语句 $(document).ready(...); 不难发现，这条 jQuery 语句主要包含三大部分：$()、document 和 ready()。这三大部分在 jQuery 中分别被称为工厂函数、选择器和方法，将其语法化后，结构如下：

```
$(selector).action() ;
```

其中：

➢　工厂函数 $()

在 jQuery 中，"$" 等价于 jQuery，即 $()=jQuery()。$() 的作用是将 DOM 对象转化为 jQuery 对象，只有将 DOM 对象转化为 jQuery 对象后，才能使用 jQuery 的方法。如示例 4 中的 document 是一个 DOM 对象，当使用 $() 函数将其包裹起来时，它就变成了一个 jQuery 对象，能使用 jQuery 中的 ready() 方法，而不能再使用 DOM 对象的 getElementById() 方法。

> **注意：**
>
> 当 $() 的参数是 DOM 对象时，该对象不需使用双引号包裹起来，如果获取的是 document 对象，则写作 $(document)。

➢　选择器 selector

jQuery 支持 CSS 1.0 到 CSS 3.0 规则中几乎所有的选择器，如标签选择器、类选择器、ID 选择器和后代选择器等。使用 jQuery 选择器和 $() 工厂函数可以非常方便地获取需要操作的 DOM 元素，语法格式如下：

```
$(selector)
```

ID 选择器、标签选择器、类选择器的用法如下所示：

```
$("#userName")              // 获取 DOM 中 id 为 userName 的元素
$("div")                    // 获取 DOM 中所有的 div 元素
$(".textbox")               // 获取 DOM 中 class 为 textbox 的元素
```

jQuery 中提供的选择器远不止上述几种，在后续学习中将进行更加系统的介绍。

➢　方法 action()

jQuery 中提供了一系列方法。在这些方法中，一类重要的方法就是事件处理方法，主要用来绑定 DOM 元素的事件和事件处理方法。在 jQuery 中，许多基础的事件，如鼠标事件、键盘事件和表单事件等，都可以通过这些事件方法进行绑定，对应的在 jQuery 中则写作 click()、mouseover() 和 mouseout() 等等。

通过以上对 jQuery 语法结构的分步解析，下面制作一个网站的左导航特效，当单击导航项时，为 id 为 current 的导航项添加 class 为 current 的类样式。相关代码如示例 5 所示。

⊃ 示例5

```
<!DOCTYPE html>
<html>
<head>
<meta http-equiv="Content-Type" content="text/html; charset=utf-8" />
<title> 网站左导航 </title>
<style type="text/css">
  li {list-style:none; line-height:22px; cursor:pointer;}
  .current {background:#6cf; font-weight:bold; color:#fff;}
</style>
<script src="js/jquery-1.8.3.js"></script>
<script>
  $(document).ready(function() {
    $("li").click(function(){
    $("#current").addClass("current");
  })
  });
</script>
</head>
<body>
<ul>
  <li id="current">jQuery 简介 </li>
  <li>jQuery 语法 </li>
  <li>jQuery 选择器 </li>
  <li>jQuery 事件与动画 </li>
  <li>jQuery 方法 </li>
</ul>
</body>
</html>
```

图 6.19 网站左导航

其运行结果如图 6.19 所示。

示例 5 中出现的 addClass() 方法是 jQuery 中用于进行 CSS 操作的方法之一，它的作用是向被选元素添加一个或多个类样式，语法格式如下：

jQuery 对象 .addClass([样式名])

其中，样式名可以是一个，也可以是多个，多个样式名需要用空格隔开。

需要注意的是，与使用选择器获取 DOM 元素不同，获取 id 为 current 的元素时，"current" 前需要加 id 的符号 "#"，而使用 addClass() 方法添加 class 为 current 的类样式时，类名前不带有类符号 "."。

3. 读取设置 CSS 属性值

在 jQuery 中除了 addClass() 方法可以设置 CSS 样式属性外，还有一个方法 CSS() 具有同样的功能，CSS() 方法设置或返回 CSS 样式属性。

返回匹配的元素 CSS 样式语法如下：

css(" 属性 ");

例如返回 <p> 元素的背景色，可以写作：$("p"). css("background-color")。

为匹配的元素添加 CSS 样式语法如下：

css(" 属性 "," 属性值 ");　　　　　　　　　　　　　　// 设置 CSS 样式

$(selector).css({" 属性 ":" 属性值 "," 属性 ":" 属性值 ",……})　　// 设置多个 CSS 样式

使用 css() 方法为页面中的 <p> 元素设置文本颜色、大小及背景色，可以写作：

$("p").css({"color":"#fff","font-size":"18px", "background":"blue"});

如下示例 6 实现了一个问答特效，即单击问题标题时，显示其相应解释，同时高亮显示当前选择的问题标题。

◯ 示例 6

```
<--! 省略部分代码 -->
<head>
<meta charset=utf-8" />
<title> 问答特效 </title>
<style type="text/css">
    h2 {padding:5px;}
    p {display:none;}
</style>
<script src="js/jquery-1.8.3.js" type="text/javascript"></script>
<script type="text/javascript">
  $(document).ready(function() {
  $("h2").click(function(){
    $("h2").css("background-color","#CCFFFF").next().css("display","block");
  });
  });
</script>
</head>
<body>
  <h2> 什么是受益人 ?</h2>
  <p>
    <strong> 解答： </strong>
    受益人是指人身保险中由被保险人或者投保人指定的享有保险金请求权的人，投保人、被
保险人可以为受益人。
  </p>
</body>
<--! 省略部分代码 -->
```

代码运行结果如图 6.20 所示。

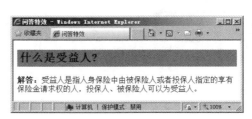

（a）单击标题前　　　　　　　　　　（b）单击标题后

图 6.20　问答特效

上述代码中，加粗代码的作用是单击 <h2> 时，为它本身添加色值为 #CCFFFF 的背景颜色，并为紧随其后的元素 <p> 添加样式，使隐藏的 <p> 元素显示出来。

css() 方法与 addClass() 方法的区别：

➤ css() 方法为所匹配的元素设置给定的 CSS 样式。

➤ addClass() 方法向所匹配的元素添加一个或多个类，该方法不会删除已经存在的类，仅在原有基础上追加新的类样式。

4．移除 CSS 样式

在 jQuery 中除了设置 CSS 样式属性外，还有一个方法具有相反的功能，即 removeClass() 方法移除 CSS 样式属性，其语法如下：

```
removeClass(class)                      // 移除单个样式
```

或者

```
removeClass(class1 class2 … classN)     // 移除多个样式
```

其中，参数 class 为类样式名称，该名称是可选的，当指定某类样式名称时，则移除该类样式，要移除多个类样式时，与 addClass() 方法语法相似，每个类样式之间用空格隔开。

操作案例 1：使用 jQuery 变换网页效果

➤ 需求描述

单击文档标题后，标题字体大小、颜色发生变化，正文字体大小发生变化，网页中所有元素的边距发生变化，所有文本的行高发生变化。

➤ 完成效果

初始效果如图 6.21（a）所示，单击标题"你是人间的四月天"后，效果变为如图 6.21（b）所示。

（a）单击标题前　　　　　　　　　　（b）单击标题后

图 6.21　css() 方法的使用效果

➤ 技能要点

（1）HTML 文档中引入 jQuery 库

（2）css() 方法设置 CSS 属性

> ➤ 实现思路

（1）新建 HTML 文件，文件名为 Introduce.html。

（2）在新建的 HTML 文档中引入 jQuery 库。

（3）使用 $(document).ready() 创建文档加载事件。

（4）使用 $() 选取所需元素。

（5）使用 css() 方法为所选取的元素添加 CSS 样式。

> ➤ 关键代码

```
$(document).ready(function() {              // 加载 HTML 文档
    $("h1").click(function(){               // 单击 <h1> 元素
        $("p").css("font-size","12px");     // 选取 <p> 元素，并设置其字体大小为 12px
    // 省略部分代码
    });
});
```

6.1.4　DOM 对象和 jQuery 对象

1. jQuery 对象

jQuery 对象就是通过 jQuery 包装 DOM 对象后产生的对象，它能够使用 jQuery 中的方法。例如：

$("#title").html(); // 获取 id 为 title 的元素内的 html 代码

这段代码等同于如下代码：

document.getElementById("title").innerHTML;

在 jQuery 对象中无法直接使用 DOM 对象的任何方法。例如，$("#id").innerHTML 和 $("#id").checked 之类的写法都是错误的，但可以使用 $("#id").html() 和 $("#id"). attr("checked") 之类的 jQuery 方法来代替。同样，DOM 对象也不能使用 jQuery 里的方法。例如使用 document.getElementById("id").html() 也会报错，只能使用 document. getElementById("id").innerHTML 语句。

2. jQuery 对象与 DOM 对象的相互转换

在实际使用 jQuery 的开发过程中，jQuery 对象和 DOM 对象互相转换是非常常见的。jQuery 对象转换为 DOM 对象的原因主要是，DOM 对象包含了一些 jQuery 对象没有包含的成员，要使用这些成员，就必须进行转换；但总体来说，jQuery 对象的成员要丰富得多，因此通常会把 DOM 对象转换成 jQuery 对象。

在讨论 jQuery 对象和 DOM 对象的相互转换之前，先约定定义变量的风格。如果获取的对象是 jQuery 对象，那么在变量前面加上 $，例如：

var $variable=jQuery 对象 ;

如果获取的对象是 DOM 对象，则定义如下：

var variable=DOM 对象 ;

下面看看在实际应用中是如何进行 jQuery 对象与 DOM 对象的相互转换的。

（1）jQuery 对象转换成 DOM 对象

jQuery 提供了两种方法将一个 jQuery 对象转换成一个 DOM 对象，即 [index] 和 get(index)。

1）jQuery 对象是一个类似数组的对象，可以通过 [index] 的方法得到相应的 DOM 对象。代码如下：

```
var $txtName =$("#txtName");              //jQuery 对象
var txtName =$txtName[0];                 //DOM 对象
alert(txtName.checked)                    // 检测这个 checkbox 是否被选中了
```

2）通过 get(index) 方法得到相应的 DOM 对象。代码如下：

```
var $txtName =$("#txtName");              //jQuery 对象
var txtName =$txtName.get(0);             //DOM 对象
alert(txtName.checked)                    // 检测这个 checkbox 是否被选中了
```

jQuery 对象转换成 DOM 对象在实际开发中并不多见，除非希望使用 DOM 对象特有的成员，如 outerHTML 属性，通过该属性可以输出相应的 DOM 元素的完整的 HTML 代码，而 jQuery 并没有直接提供该功能。

（2）DOM 对象转换成 jQuery 对象

对于一个 DOM 对象，只需要用 $() 函数将 DOM 对象包装起来，就可以获得一个 jQuery 对象。其方式为 $(DOM 对象)。jQuery 代码如下：

```
var txtName =document.getElementById("txtName");     //DOM 对象
var $txtName =$(txtName);                            //jQuery 对象
```

转换后，可以任意使用 jQuery 中的方法。

在实际开发中，将 DOM 对象转换为 jQuery 对象，多见于 jQuery 事件方法的调用中，在后续内容中将会接触到更多的 DOM 对象转换为 jQuery 对象的应用场景。

最后，再次强调：DOM 对象只能使用 DOM 中的方法，jQuery 对象不可以直接使用 DOM 中的方法，但 jQuery 对象提供了一套更加完善的对象成员用于操作 DOM，后续将学习这方面的内容。

操作案例 2：使用 jQuery 方式弹出消息对话框

➤　需求描述

实现单击页面中的文字"请为我们的服务做出评价"，弹出消息对话框，显示"非常满意"。

➤　完成效果

效果如图 6.22 所示。

➤　技能要点

（1）将 DOM 对象转换为 jQuery 对象。

（2）使用 jQuery 对象的单击事件方法。

➤　实现思路

（1）新建 HTML 文档。

（2）在新建的 HTML 文档中引入 jQuery 库。

图 6.22　弹出消息对话框特效

（3）使用 $(document).ready() 执行文档加载事件。

（4）获取 DOM 对象。

（5）将 DOM 对象转换成 jQuery 对象。

（6）使用 jQuery 对象的 click() 方法，弹出消息对话框。

6.1.5　循环结构

在很多网站的首页，可能大家都见过轮播图效果，如图 6.23 所示，自动播放或者点击下方的数字按钮进行广告轮播等。有了之前的 jQuery 基础知识，我们基本可以完成这种最常见特效的制作了。接下来，本节就来完成这个广告轮播效果的学习制作。首先需要了解的技能就是循环结构。

图 6.23　轮播图特效

1．循环结构概述

程序结构主要分为三大类：顺序结构、选择结构和循环结构，之前的课程介绍了选择结构，想必大家不再陌生了，接下来就介绍循环结构的语法及应用。

循环就是在满足一定条件的情况下，不断重复地执行某一个操作的过程。在日常生活中有很多循环的例子，如图 6.24 所示的打印 50 份试卷；在 400 米跑道上进行万米赛跑；锲而不舍地学习；滚动的车轮等。

图 6.24　生活中的循环结构

这些循环结构有哪些共同点呢？我们可以从循环条件和循环操作两个角度考虑，即明确一句话"在什么条件成立时不断做什么事情"。

例如就打印 50 份试卷这件事来分析：循环条件是只要打印的试卷份数不足 50 份就继续打印，循环操作是打印 1 份试卷，打印总份数加 1。

再例如万米赛跑这件事，循环条件是跑过的距离不足 10000 米就继续跑，循环操作就是跑 1 圈，跑过的距离增加 400 米。

所有的循环结构都有这样的特点：首先，循环不是无休止进行的，满足一定条件的时候循环才会继续，称为"循环条件"。循环条件不满足的时候，循环退出。其次，循环结构是反复进行相同的或类似的一系列操作，称为"循环操作"，如图 6.25 所示。

图 6.25　循环结构的构成

循环结构在程序设计中有如下优点：

➢ 解决重复操作

➢ 减少代码编写量，使代码结构清晰

➢ 增强代码的可读性

JavaScript 中的循环结构分为 for 循环、while 循环、do-while 循环、for-in 循环。本书只选择基本的 for 循环和 while 循环讲解，其他循环的原理是一样的，自行学习即可。

2. for 循环语句

基本语法格式如下：

```
for( 初始化 ; 条件 ; 增量或减量 ){
    //JavaScript 语句 ;
}
```

其中，初始化参数告诉循环的开始值，必须赋予变量初值；条件用于判断循环是否终止，若满足条件，则继续执行循环体中的语句，否则跳出循环；增量或减量定义循环控制变量在每次循环时怎么变化。在 3 个条件之间，必须使用分号（;）隔开。图 6.26 表示的是 for 循环执行的步骤。

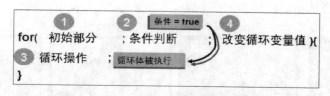

图 6.26　for 循环步骤拆解

循环步骤的拆解说明如下：

第一步是初始化部分，各种初始值的确定。

　　第二步判断条件，如果条件为真，则进入循环体部分。

　　第三步进行循环操作，也就是循环体被执行。

　　第四步改变循环条件，重复进入第二步判断条件，如果条件不成立，则退出循环。

　　下面看一个示例，利用循环语句实现在页面上输出 5 个数字。

⊃ 示例 7

```
<--! 省略部分代码 -->
<script type="text/javascript">
    var num;
    for(num=1;num<=5;num++){
        document.write(" 数字输出：" +num+"<br>");
    }
</script>
<--! 省略部分代码 -->
```

这个示例执行步骤是这样的：

　　for 循环赋初值 num=1，num 的值为 1，确定符合条件，进入循环体打印输出"数字输出：1"，然后 num++ 后 num 的值为 2，确定符合条件，再次进入循环体打印输出，以此类推，最后 num=5 时，符合条件，打印输出，num++ 后为 6，不符合条件，退出循环。

　　示例 7 运行结果如图 6.27 所示。

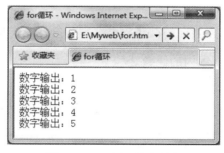

图 6.27　for 循环输出数字

3．while 循环语句

while 循环语句又分为 while 循环语句和 do-while 循环语句。

首先来看一下 while 循环语句的语法格式：

```
while( 条件 ){
    //JavaScript 语句；
}
```

其特点是先判断后执行，当条件为真时，就执行 JavaScript 语句；当条件为假时，就退出循环。图 6.28 是 while 循环执行的流程图。

循环步骤的拆解说明如下：

第一步判断条件，如果条件为真，则进入循环体部分。

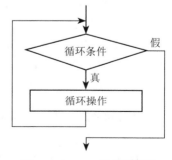

图 6.28　while 循环流程图

第二步进行循环操作，也就是循环体被执行。

第三步继续判断条件，依次循环，直到条件为假，跳出循环。

使用 while 来完成图 6.26 的效果，修改示例 7 后代码如下：

```
var num=1;
while(num<=5){
    document.write(" 数字输出："+num+"<br>");
    num++;
}
```

do-while 循环语句的基本语法格式如下：

```
do{
    //JavaScript 语句；
}while( 条件 );
```

该语句表示反复执行 JavaScript 语句，直到条件为假时才退出循环，与 while 循环语句的区别在于，do-while 循环语句先执行后判断。

通过对循环结构的学习，我们已经了解了在执行循环时要进行条件判断。只有在条件为"假"时，才能结束循环。但是，有时根据实际情况需要停止整个循环或是跳到下一次循环，有时需要从程序的一部分跳到程序的其他部分，这些都可以由跳转语句来完成。在 JavaScript 标准语法中，有两种特殊的语句可以用于在循环内部终止循环：break 和 continue。

➤ break：可以立即退出整个循环。

➤ continue：只是退出当前的循环，根据判断条件决定是否进行下一次循环。

操作案例 3：计算 100 以内的偶数之和

➤ 需求描述

分别使用 for 循环和 while 循环，实现页面输出 100 以内（包括 100）的偶数之和。注意观察每一次循环中变量值的变化。

➤ 完成效果

效果如图 6.29 所示。

➤ 技能要点

（1）for 循环语句的使用

（2）while 循环语句的使用

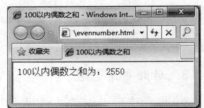

图 6.29　100 内偶数之和

➤ 实现思路

（1）声明整型变量 num 和 sum，分别表示当前加数和当前和。

（2）循环条件：num<=100。

（3）循环操作：累加求和。

操作案例 4：制作京东商城首页焦点图轮播特效

➤ 需求描述

制作京东商城首页焦点图轮播特效，具体要求如下：

（1）焦点图轮换显示。

（2）焦点图显示时对应的按钮背景为红色。

（3）鼠标放到图片上时停止轮换显示，离开图片继续轮换显示。

➢　完成效果

效果如图 6.30 所示。

图 6.30　京东首页焦点图轮播特效

➢　技能要点

（1）使用 jQuery 操作 CSS 样式；

（2）定时函数；

（3）循环结构。

➢　关键代码

数字轮播按钮的样式设置如下：

```
.page-con{
  position:absolute;
  z-index:2;
  text-align:center;
  bottom:10px;
  width:100%;
  font-size:0;
}
```

定义轮播函数：

```
function slide(){
  for(var i=1;i<len+1;i++){
    $(".page-con li.p"+i).css({"background":"#3e3e3e"});        // 所有底部按钮不改变背景
```

```
        $(".img-box img.p"+i).css("display","none");        // 所有 img 隐藏
    }
    $(".page-con .p"+page).css({"background":"#b61b1f"});        // 相应底部按钮背景改变
    $(".img-box img.p"+page).css("display","block");   // 相应 img 显示

    page++;// 当前轮播加 1（下一个图片显示）
    if(page == 6){
      page = 1;        // 当 page 大于图片长度时，从第一个图片开始播放
    }
    time = setTimeout(slide,1500);
}
```

任务 2 使用 Ajax 刷新最新动态

6.2.1 认识 Ajax

1. Ajax 应用

随着互联网的广泛应用，基于 B/S 结构的 Web 应用程序越来越受到推崇。但不可否认的是，B/S 架构的应用程序在界面效果及操控性方面比 C/S 架构的应用程序差很多，这也是 Web 应用程序普遍存在的一个问题。

在传统的 Web 应用中，每次请求服务器都会生成新的页面，用户在提交请求后，总是要等待服务器的响应。如果前一个请求没有得到响应，则后一个请求就不能发送。由于这是一种独占式的请求，因此如果服务器响应没有结束，用户就只能等待或者不断地刷新页面。在等待期间，由于新的页面没有生成，整个浏览器将是一片空白，而用户只能继续等待。对于用户而言，这是一种不连续的体验，同时，频繁的刷新页面也会使服务器的负担加重。

Ajax 技术正是为了弥补以上不足而诞生的。Ajax 采用异步请求模式，不用每次请求都重新加载页面。发送请求后不需要等待服务器响应，而是可以继续原来的操作，在服务器响应完成后，浏览器再将响应展示给用户。

使用 Ajax 技术，从用户发送请求到获得响应，当前用户界面在整个过程中不会受到干扰。而且我们可以在必要的时候只刷新页面的一小部分，而不用刷新整个页面，即"无刷新"技术。如图 6.31 所示，新浪微博更新内容就使用了 Ajax 技术，在浏览微博的时候，如果有新消息出现，页面给出提示，点击刷新后，页面中仅仅加载新的微博内容，已经获取到的微博内容并不会再次请求刷新，这就避免了重复加载、浪费网络资源的现象。这是无刷新技术的第一个优势。

再以土豆网为例，在观看视频的时候，我们可以在页面上单击其他按钮执行操作。由于只是局部刷新，视频可以继续播放，不会受到影响。这体现了无刷新技术的第二

个优势：提供连续的用户体验，而不被页面刷新中断。

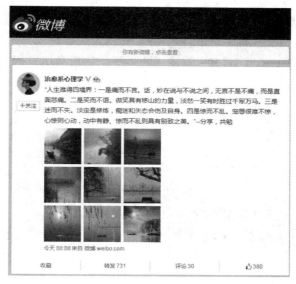

图 6.31　使用 Ajax 刷新局部页面

最后看一下 Google 的例子。由于采用了无刷新技术，可以实现一些以前 B/S 程序很难做到的事情，如图 6.32 中 Google 地图提供的拖动、放大、缩小等操作。Ajax 强调的是异步发送用户请求，在一个请求的服务器响应还没返回时，可以再次发送请求。这种发送请求的模式可以使用户获得类似桌面程序的用户体验。

图 6.32　类似桌面程序的用户体验

2．Ajax 工作原理

根据前面的介绍我们已经知道，使用 Ajax 技术可以通过 JavaScript 发送请求到服务器，在服务器响应结束后，根据返回结果可以只更新局部页面，提供连续的客户体验，那么到底什么是 Ajax 呢？

Ajax（Asynchronous JavaScript and Xml）并不是一种全新的技术，而是整合了 JavaScript、XML、CSS 等几种现有技术而成。Ajax 的执行流程是，在用户界面触发事件调用 JavaScript，通过 Ajax 引擎——XMLHttpRequest 对象异步发送请求到服务器，服务器返回 XML、JSON 或 HTML 等格式的数据，然后利用返回的数据使用 DOM 和 CSS 技术局部更新用户界面。整个工作流程如图 6.33 所示。

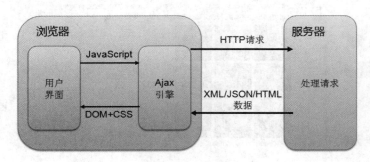

图 6.33　Ajax 流程

通过图 6.33 可以发现，Ajax 的关键元素包括以下内容。

- ➢ JavaScript 语言：Ajax 技术的主要开发语言。
- ➢ XML/JSON/HTML 等：用来封装请求或响应的数据格式。
- ➢ DOM（文档对象模型）：通过 DOM 属性或方法修改页面元素，实现页面局部刷新。
- ➢ CSS：改变样式，美化页面效果，提升用户体验度。
- ➢ Ajax 引擎：即 XMLHttpRequest 对象，以异步方式在客户端与服务器端之间传递数据。

通过上面的介绍，相信大家都已经看出来，Ajax 大多数的技术之前都已经使用过了，没有接触到的就是 XMLHttpRequest 和 JSON 格式。下面我们先一起认识 XMLHttpRequest 及其常用方法和属性。

3. 认识 XMLHttpRequest

XMLHttpRequest 对象是实现异步通信的核心技术，可以提供在不刷新当前页面的情况下向服务器端发送异步请求，并接收服务器端的返回结果，从而实现局部更新当前页面的功能。尽管名为 XMLHttpRequest，但它并不仅限于和 XML 文档一起使用，它还可以接收 JSON 或 HTML 等格式的文档数据。XMLHttpRequest 得到了目前所有浏览器的较好支持，也就是说主流浏览器通过各种不同的方式对它提供支持，这也造就了它的创建方式在不同浏览器下具有一定的差别，但是核心功能是不变的。

使用 XMLHttpRequest 对象实现异步通信，首先必须要创建一个 XMLHttpRequest 对象。目前来说 XMLHttpRequest 对象还没有一个统一的标准，尽管 W3C 组织已经开始着手做这件事。但由于不同的浏览器或者不同版本的浏览器对 XMLHttpRequest 对象的支持稍有不同，所以创建 XMLHttpRequest 对象就要考虑到它的兼容性。老版本 IE（IE 5 和 IE 6）创建的是 ActiveXObject 对象。

如下是创建 XMLHttpRequest 对象的语法：

XMLHttpRequest = new XMLHttpRequest();

例如：创建 XMLHttpRequest 对象的代码如下：

```
<script>
var xmlHttpRequest;
if(window.XMLHttpRequest) {    // 返回值为 true 时说明是新版本 IE 或其他浏览器
    xmlHttpRequest = new XMLHttpRequest();
}else{        // 返回值为 false 时说明是老版本 IE 浏览器（IE 5 和 IE 6）
    xmlHttpRequest = new ActiveXObject("Microsoft.XMLHTTP");
}
</script>
```

创建了对象，接下来就是使用这个对象。XMLHttpRequest 对象提供了一系列的方法和属性来帮助我们实现异步通信。常用属性和方法如表 6-3 和表 6-4 所示。

表 6-3　XMLHttpRequest 的常用属性

属性名称	说　明
readyState	返回请求的当前状态
status	返回当前请求的 HTTP 状态码
responseText	以文本形式获取响应值
responseXML	以 XML 形式获取响应值，并且解析成 DOM 对象返回
statusText	返回当前请求的响应行状态
onreadystatechange	设置回调函数

表 6-4　XMLHttpRequest 的常用方法

方法名称	说　明
open()	用于创建一个新的 HTTP 请求，并规定请求的类型、URL 以及是否异步处理请求
send()	发送请求到服务器端并接收回应
abort()	取消当前请求
setRequestHeader()	单独设置请求的某个 HTTP 头信息
getResponseHeader()	从响应中获取指定的 HTTP 头信息
getAllResponseHeaders()	获取响应的所有 HTTP 头信息

了解了 XMLHttpRequest 对象的方法和属性后，下面来学习如何使用 XMLHttpRequest 实现 Ajax。

简单的说，使用 XMLHttpRequest 对象实现异步通信的大致步骤如下：

1）创建 XMLHttpRequest 对象实例。

2）通过 open() 方法创建请求，与服务器取得联系。

3）获得 onreadystatechange 事件的处理权，以便接收服务器返回的响应信息。

4）通过 send() 方法发送请求。

了解了以上内容，接下来我们就进入 jQuery 中的 Ajax 实现。

在本地系统中搭建 IIS 虚拟服务器，提供虚拟服务器运行环境，搭建网站。

具体实现步骤请读者自行查阅资料完成。

6.2.2　jQuery 中的 Ajax

在 jQuery 中已经将 Ajax 相关的操作都进行了封装，使用时只需要在合适的地方调用 Ajax 相关的方法即可。相比而言，使用 jQuery 实现 Ajax 更加简洁、方便。

jQuery 提供了很多封装 Ajax 的方法，通过这些方法，就可以使用 Get 或 Post 从服务器远端请求文本、HTML、XML 或 JSON 等形式的数据，同时可以进行信息筛选，获得你想要的数据。表 6-5 列举了常用的 jQuery 实现 Ajax 的方法及其使用说明。

表 6-5　jQuery Ajax 的常用方法

方法名称	说　明
ajax()	执行一个异步 HTTP（Ajax）请求
get()	通过 HTTP GET 请求从服务器加载数据
post()	通过 HTTP POST 请求从服务器加载数据
load()	从服务器加载数据，并把返回的 HTML 插入到匹配的 DOM 元素中
getJSON()	通过 HTTP GET 请求从服务器加载 JSON 编码格式的数据
getScript()	通过 HTTP GET 请求从服务器加载 JavaScript 文件并执行该文件

下面就通过案例来了解一下这些常用方法是如何使用的。

1．get() 方法与 post() 方法

jQuery 中的 get() 和 post() 方法通过 HTTP GET 和 POST 请求从服务器请求数据。二者都是从服务器获取所需数据，但是仍有差别。

get() 方法通过 HTTP GET 请求从服务器获取数据，它是通过查询字符串的方式来传递请求信息的，直白一些说就是 HTTP GET 的工作方式决定了 jQuery get() 的工作方式。基本从服务器获取（取回）数据时使用 get() 较普遍。get() 的语法如下：

$.get(url,data,success(response,status,xhr),dataType)

参数说明见表 6-6。

接下来看一个简单的示例。在服务器端存在文本文件 text.txt，文本数据内容如图 6.34 所示。

客户端点击按钮向服务器请求读取 text.txt 中的文本信息，运行结果如图 6.35、图 6.36 所示。

表 6-6　$.get() 的参数说明

参数	说　　明
url	必需。规定将请求发送给的 URL 地址
data	可选。规定连同请求发送到服务器的数据
success(response,status,xhr)	可选。当请求成功时运行的回调函数。其中： • response——包含来自请求的结果数据 • status——包含请求的状态 • xhr——包含 XMLHttpRequest 对象
dataType	可选。服务器返回的数据类型，可能的数据类型： • xml • html • json • script • jsonp • text

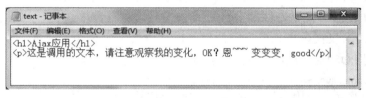

图 6.34　服务器端文本内容

图 6.35　客户端请求数据前

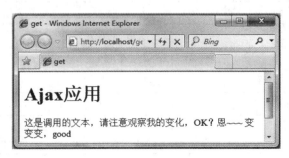

图 6.36　客户端请求数据后

实现这个示例的功能要使用到 get() 方法，

⊃ 示例 8

```
<script>
$(function(){
  $("#b01").click(function(){
    $.get(" 数据 /text.txt",function(data){
      $("#myDiv").html(data);
    },"text");
  });
});
</script>
```

在这个示例中，简化了 get() 方法的使用，只传递了 URL 和回调函数参数。get() 方法以异步的方式向服务器发送了请求，然后把响应信息存在了回调函数的参数中，这样就完成了一次异步通信的过程。客户端通过读取回调函数的参数 data，进行解析后显示在客户端 $("#myDiv").html(data)。

前面已经了解过，GET 和 POST 二者都是从服务器获取所需数据，但是 POST 请求方式与 GET 请求方式是不同的，POST 请求支持发送任意格式、任意数据长度的数据，而不像 GET 请求仅仅限于长度有限的字符串，一般来讲传递大数据量或者 XML 等格式的数据使用 POST 比较合适。post() 的语法如下：

$.post(url, data, success(response,status,xhr),datyType);

各参数的意义、使用方法与 get() 方法是一致的，这里不再赘述。

2．ajax() 方法

$.ajax() 可以通过发送 HTTP 请求加载远程数据，它是 jQuery 最底层的 Ajax 实现，具有较高灵活性。也可以说 ajax() 方法是 get()、post() 等方法的基础。ajax() 的语法如下：

$.ajax([settings]);

ajax() 只有一个参数 settings，其实它是一个列表结构的对象，用于配置 Ajax 请求的键值对集合。详细配置参数如表 6-7 所示。

表 6-7　$.ajax() 的参数说明

参　　数	说　　明
String url	发送请求的地址，默认为当前页地址
String type	请求方式（POST 或 GET，默认为 GET）
Number timeout	设置请求超时时间
Object data 或 String data	发送到服务器的数据
String dataType	预期服务器返回的数据类型，可用类型有 XML、HTML、Script、JSON、JSONP、Text
function beforeSend(XMLHttpRequest xhr)	发送请求前调用的函数 • 参数 xhr：可选，XMLHttpRequest 对象

参　数	说　明
function complete(XMLHttpRequest xhr, String ts)	请求完成后调用的函数（请求成功或失败时均调用） • 参数 xhr：可选，XMLHttpRequest 对象； • 参数 ts：可选，描述请求类型的字符串
function success(Object result,String ts)	请求成功后调用的函数 • 参数 result：可选，由服务器返回的数据 • 参数 ts：可选，描述请求类型的字符串
function error(XMLHttpRequest xhr, String em,Exception e)	请求失败时调用的函数 • 参数 xhr：可选，XMLHttpRequest 对象 • 参数 em：可选，错误信息 • 参数 e：可选，捕获的异常对象
boolean global	默认为 true，表示是否触发全局 Ajax 事件

表中所列为常用参数，如果有特殊需求或想了解更多细节可参考 jQuery 官方文档。

了解了 $.ajax() 方法的常用参数，接下来看一下如何使用 $.ajax() 方法实现 Ajax 无刷新远程请求服务器功能。

示例 9 用来验证用户名是否正确。我们这里就简单地模拟一下过程。

⊃ 示例 9

```
$.ajax({
    url : verify.asp,                            // 提交的 URL 路径
    type: "GET",                                 // 发送请求的方式
    data: "name=TOM",                            // 发送到服务器的数据
    dataType: "text",                            // 指定传输的数据格式
    success: function(result) {                  // 请求成功后要执行的代码
        $("#myDiv").html(html.responseText);     // 将服务器返回的文本数据显示到页面
    },
    error : function() {                          // 请求失败后要执行的代码
        alert(" 用户名验证时出现错误，请联系管理员！ ");
    }
});
```

其中 verify.asp 是服务器端响应文件，处理用户提交的数据请求。验证如图 6.37 和图 6.38 所示。

图 6.37　验证用户合法

图 6.38　验证用户合法结果

大家可能发现了，ajax() 参数列表复杂，使用起来没有那么方便，所以如果不是特别需要的话，很多地方大可使用 get() 或者 post() 来完成。

操作案例 5：验证注册名是否可用

➤ 需求描述

模拟验证注册名是否可用，输入注册信息，如果用户名为"TOM"，则认为注册名已被别人注册，给用户以提示。页面注册验证要求如下：

（1）注册名、密码等信息不能为空

（2）密码必须等于或大于 6 个字符

（3）两次输入的密码必须一致

➤ 完成效果

运行效果如图 6.39、图 6.40 所示。

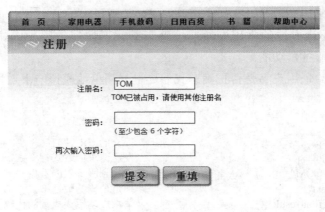

图 6.39 "TOM" 已被人注册

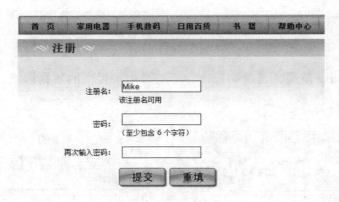

图 6.40 注册名可用

➤ 技能要点

（1）get() 和 post() 方法

（2）表单验证

> 实现步骤

（1）下载素材，部署到 IIS 服务器，建立虚拟目录，运行网站成功。

（2）完成页面信息的有效性验证。

（3）完成提交至 resp.asp，进行验证。

（4）接收返回信息，提示给用户。

3. load() 方法

$.load() 方法通过发送 Ajax 请求从服务器加载数据，并把返回的数据放置到指定的元素中。load() 的语法如下：

$(selector).load(url,data,function(result,status, xhr));

该方法的详细参数说明如表 6-8 所示。

表 6-8　load() 的参数说明

参　　数	说　　明
String url	必选，规定将请求发送到哪个 URL
Object data 或 String data	可选，规定连同请求发送到服务器的数据
function callback (Object result, String status, XMLHttpRequest xhr)	可选，请求完成后调用的函数 • 参数 result：来自请求的结果数据 • 参数 status：请求的状态 • 参数 xhr：XMLHttpRequest 对象

该方法是最简单的从服务器获取数据的 Ajax 方法。它几乎与 $.get() 方法等价，不同的是当请求成功后，load() 方法将匹配元素的 HTML 内容设置为返回的数据，而 load() 方法能够把加载的网页文件附加到指定的网页标签中。

关键代码：

$("#nameDiv").load(url,data);

以上代码同样实现了发送异步请求到服务器端，并且当服务器端成功返回数据时，将数据隐式地添加到调用 load() 方法的 jQuery 对象中的功能。它等价于以下代码：

```
$.get(url,data,function(result) {
    $("#nameDiv").html(result);
});
```

以上介绍的 $.get()、$.post()、load() 等常用 Ajax 方法都是基于 $.ajax() 方法封装的，相比于 $.ajax() 方法而言，更加简洁、方便。通常情况下，对于一般的 Ajax 功能需求，使用以上 Ajax 方法即可满足，如果需要更多的灵活性，则可以使用 $.ajax() 方法。

操作案例 6：刷新最新动态

> 需求描述

模拟异步刷新最新动态。网页中某块内容需要异步刷新，实现载入最新数据。

> 完成效果

原始页面效果如图 6.41 所示，点击"查看本剧最新动态"按钮后，异步载入信息，如图 6.42 所示。

图 6.41　原始内容　　　　　　　　　　图 6.42　刷新后内容

任务 3　　模拟 JSON 数据实现瀑布流效果

认识 JSON

前面介绍 Ajax 时曾提到过，XMLHttpRequest 对象异步发送请求到服务器，服务器处理后可以返回 XML、JSON 或 HTML 等格式的数据，XML 和 HTML 两种格式在之前的课程中已经学习，接下来我们一起了解 JSON。

1．JSON 简介

JSON（JavaScript Object Notation）是一种轻量级的文本数据交换格式。它基于 JavaScript，采用完全独立于语言的文本格式。JSON 通常用来在客户端和服务器之间传递数据。在 Ajax 出现之初，客户端脚本和服务器之间传递数据使用的是 XML，但 XML 难于解析，体积也比较大。当 JSON 出现时，它的轻量级及易于解析的优点，很快受到业界的广泛关注，它比 XML 更小、更快和更易解析。

JSON 文本格式在语法上与创建 JavaScript 对象的代码非常相似，掌握 JSON 语法只需掌握如何使用 JSON 定义对象和数组。

（1）定义 JSON 对象

使用 JSON 定义对象的语法如下：

var JSON 对象 = {key:value,key:value,…};

JSON 对象以 { 键 : 值 , 键 : 值 ,…} 格式书写：

➢　键和值用":"隔开，键值对之间用","隔开

➢　表达式放在 { } 中

➢　key 值必须是字符串，由双引号（" "）括起来

➢　value 可以是 String、Number、boolean、null、对象、数组

例如：

var person = {"name":" 张三 ","age":30,"wife":null};

如果只有一个值，把它当成只有一个属性的对象即可，如 {"name":" 张三 "}。

（2）定义 JSON 数组

使用 JSON 定义数组的语法如下：

var JSON 数组 = [value,value,…];

➢　元素之间用 "," 隔开

➢　整个表达式放在 [ ] 中

字符串数组举例：[" 中国 "," 美国 "," 俄罗斯 "]。

对象数组举例：[{"name":" 张三 ","age":30},{"name":" 李四 ","age":40}]。

了解了 JSON 的基本语法，也就是 JSON 的数据格式，下面就来看一下如何使用 jQuery 处理 JSON 数据。

2. 使用 jQuery 处理 JSON 数据

示例 10 的代码使用 jQuery 展示了如何以 JSON 对象和数组的形式定义 person 对象，并在页面上的 <div> 中输出它们。

⊃ 示例 10

JavaScript 关键代码如下：

```
$(document).ready(function() {
  //1. 定义 JSON 格式的 user 对象，并在 id 为 objectDiv 的 DIV 元素中输出
  var user = {"id":1,"name":" 张三 ","pwd":"000" };
  $("#objectDiv").append("ID："+user.id+"<br>")
    .append(" 用户名："+user.name+"<br>")
    .append(" 密码："+user.pwd+"<br>");
  //2. 定义 JSON 格式的字符串数组，并在 id 为 ArrayDiv 的 DIV 元素中输出
  var ary = [" 中 "," 美 "," 俄 "];
  for(var i=0;i<ary.length;i++) {
    $("#ArrayDiv").append(ary[i]+" ");
  }
  //3. 定义 JSON 格式的 user 对象数组，并在 id 为 objectArrayDiv 的 DIV 元素中
  // 使用 <table> 输出
  var userArray = [
    {"id":2,"name":"admin","pwd":"123"},
    {"id":3,"name":" 詹姆斯 ","pwd":"11111"},
    {"id":4,"name":" 梅西 ","pwd":"6666"}
  ];
  $("#objectArrayDiv").append("<table>")
    .append("<tr>")
    .append("<td>ID</td>")
    .append("<td> 用户名 </td>")
    .append("<td> 密码 </td>")
    .append("</tr>");
  for(var i=0;i<userArray.length;i++) {
    $("#objectArrayDiv").append("<tr>")
      .append("<td>"+userArray[i].id+" </td>")
```

```
            .append("<td>"+userArray[i].name+" </td>")
            .append("<td>"+userArray[i].pwd+"</td>")
            .append("</tr>");
    }
    $("#objectArrayDiv").append("</table>");
});
```

HTML 关键代码如下：

```
<body>
    一、JSON 格式的 user 对象 :<div id="objectDiv"></div><br>
    二、JSON 格式的字符串数组 :<div id="ArrayDiv"></div><br>
    三、JSON 格式的 user 对象数组 :<div id="objectArrayDiv"></div>
</body>
```

程序运行结果如图 6.43 所示。

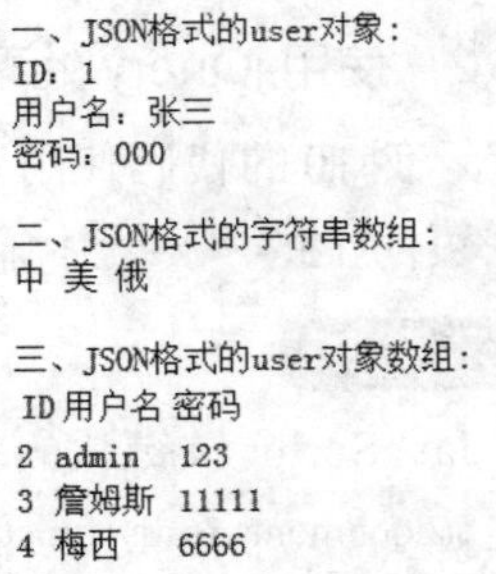

一、JSON格式的user对象：
ID：1
用户名：张三
密码：000

二、JSON格式的字符串数组：
中 美 俄

三、JSON格式的user对象数组：
ID用户名 密码
2 admin 123
3 詹姆斯 11111
4 梅西 6666

图 6.43　定义的 JSON 数据

3. getJSON() 方法

在 jQuery 中除了可以将定义好的对象进行输出以外，还可以发送 JSON 格式数据到服务器端，或者接收从服务器端返回的 JSON 格式数据。这时通常需要使用 jQuery 提供的 \$.getJSON() 方法，异步发送请求到服务器端，并以 JSON 格式封装客户端与服务器间传递的数据。getJSON() 的语法如下：

\$.getJSON(url,data,success(result,status, xhr))

该方法的详细参数说明如表 6-9 所示。

表 6-9　getJSON() 的参数说明

参　数	说　明
String url	必选，规定将请求发送到哪个 URL
Object data 或 String data	可选，规定连同请求发送到服务器的数据 +
function success(Object result , String status, XMLHttpRequest xhr)	可选，请求成功后运行的函数 • 参数 result：来自请求的结果数据，该数据默认为 JSON 对象 • 参数 status：请求的状态 • 参数 xhr：XMLHttpRequest 对象

getJSON() 方法其实与 get() 的用法和功能是完全相同的，只不过 getJSON() 方法请求载入的是 JSON 数据，这样注定了 getJSON() 方法仅仅支持 get() 方法的前三个参数，不需要设置第四个参数数据类型。

下面通过示例 11 来看一下如何从服务器段解析 JSON 数据。

⊃ 示例 11

服务器中存在模拟的 JSON 数据文件 json.js，其中数据为：

```
{
  "firstname":"bill",
  "lastname":"yooh",
  "old":"50"
}
```

客户端的 jQuery 脚本关键代码如下：

```
$("#b01").click(function(){
  $.getJSON(" 数据 /json.js",function(data){
    $("#myDiv").html(data.firstname+" "+data.lastname+" "+data.old);
  });
});
```

程序运行结果如图 6.44、图 6.45 所示。

图 6.44　获取 JSON 数据

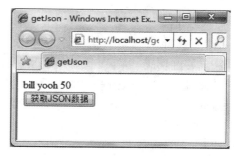

图 6.45　获取到 JSON 数据后

除此以外，jQuery 还提供了一个解析 JSON 字符串的方法。其语法如下：

$.parseJSON(str);

该方法接收一个 JSON 格式字符串，返回解析后的 JSON 对象。示例代码如下：

➲ 示例 12

```
// 定义对象，并在 id 为 msg 的 DIV 元素中输出
var jsonStr = '{"name":" 张三 ","age":20,"wife":null}';
var person = $.parseJSON(jsonStr);
alert(person);
alert(person.name);
```

图 6.46　JSON 对象

程序运行结果如图 6.46 所示。

以上结果反映了当执行 "$.parseJSON(jsonStr);" 这段代码后会将传入的 JSON 格式字符串解析为一个 JSON 对象，然后就可以调用该对象的属性进行相关操作。

操作案例 7：制作冬奥会页面轮播图片效果

➢　需求描述

完成使用特定技术实现轮播图特效，需求如下：

（1）JSON 文件中存储着轮换显示的图片路径、超链接、标题。

（2）使用 Ajax 和 JSON 实现轮播特效。

➢　完成效果

页面效果如图 6.47 所示。

图 6.47　轮播图特效

➢　技能要点

JSON 解析

➢　关键代码

Ajax 获取 JSON 数据并解析，关键代码如下：

```
$.ajax({
  type:"post",
  url:"js/json.js",
  async:false,
  success:function(data){
    for( var i=0 ; i<data.length; i++){
      var newHtml = '<li><a href="'+data[i].href+'"><img src="'+data[i].src+'"/></a><div class="slide-btm"><h2><a href="'+data[i].href+'">'+data[i].title+'</a></h2></div></li>'
      $(".img-box").append(newHtml);
      $(".page-con").append('<li></li>');
    }
    $(".img-box li").not(":first").hide();
  },
  dataType:"json"
});
```

轮播实现函数关键代码如下：

```
function slide(){
  if(!stop){
    page++;// 当前轮播加 1（下一个图片显示）
    if(page == 4){
      page = 0;// 当 page 大于图片长度时，从第一个图片开始播放
    }
    $(".page-con li").removeClass("cur");// 所有底部按钮不改变背景
    $(".img-box li").fadeOut(200);// 所有 img 隐藏使用 fadeOut

    $(".page-con li").eq(page).addClass("cur");// 相应底部按钮背景改变
    $(".img-box li").eq(page).fadeIn();// 相应 img 显示使用 fadeIn
```

```
    }
    setTimeout(slide,3000);
}
```

 **本章总结**

本章学习了以下知识点：

➢ jQuery 的基本语法结构是：$(selector).action();。

➢ 使用 jQuery 设置 CSS 的样式。

➢ 循环分为 for 循环和 while 循环，了解 break 和 continue 的区别。

➢ Ajax 通过使用 XMLHttpRequest 对象，以异步方式在客户端与服务器端之间传递数据，并结合 JavaScript、CSS 等技术实现当前页面局部更新。

➢ jQuery 封装了 Ajax 的基础实现，提供了 $.ajax()、$.get()、$.post()、load() 和 $.getJSON() 等 Ajax 方法。

➢ JSON 作为数据交互对象，在值传递和解析方面较为简便。

➢ jQuery 提供了用来发送 JSON 格式数据的 $.getJSON() 方法。

➢ $.parseJSON() 方法用来将 JSON 格式字符串解析为 JSON 对象。

本章练习

1．用 JavaScript 循环语句输出如图 6.48 所示的页面效果。

图 6.48　打印倒正金字塔直线

2．写一个 jQuery 程序，并设置 <h1> 的字体大小为 30px，将 class 为 current 的 <li> 元素的背景颜色设置为色值 #99CCFF（页面效果等见提供的素材）。

3．制作瀑布流效果的图片展示，即随着鼠标下滑，以不规则的瀑布式排列展示图片，见图 6.49（页面效果等见提供的素材）。

模拟数据存储为 JSON 格式如下：

var data = [{'src':'1.jpg','title':' 瀑布流效果 1'},{'src':'2.jpg','title':' 瀑布流效果 2'},{'src':'3.jpg','title':' 瀑布流效果 3'},{'src':'4.jpg','title':' 瀑布流效果 4'},{'src':'5.jpg','title':' 瀑布流效果 5'},{'src':'6.jpg','title':'

瀑布流效果6'},{'src':'7.jpg','title':'瀑布流效果7'},{'src':'8.jpg','title':'瀑布流效果8'},{'src':'9.jpg','title':'瀑布流效果9'},{'src':'10.jpg','title':'瀑布流效果10'}];

图6.49　瀑布流特效

第7章

使用 JSP 实现系统登录

▶ 本章重点

- ※ Web 项目的创建与部署
- ※ JSP 基本语法
- ※ 数据获取与中文显示
- ※ JSP 内置对象

▶ 本章目标

- ※ 解决中文乱码
- ※ 转发与重定向
- ※ JSP 内置对象

本章任务

学习本章，完成 4 个工作任务。记录学习过程中遇到的问题，可以通过自己的努力或访问 kgc.cn 解决。

任务 1：初识 Web 项目

配置 Web 应用开发环境，并实现 Web 项目的部署与访问。

任务 2：使用 JSP 实现输出显示

使用 JSP 实现新闻系统中新闻标题和内容的输出显示。运行效果如图 7.1 所示。

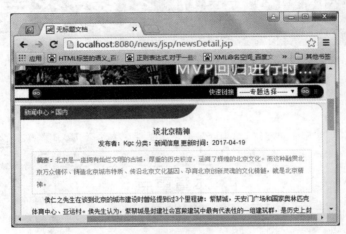

图 7.1　使用 JSP 输出显示

任务 3：使用 JSP 获取用户注册数据

使用 JSP 获取用户注册提交的数据并显示。运行效果如图 7.2 和图 7.3 所示。

图 7.2　用户注册

图 7.3　读取注册数据

任务 4：使用 JSP 保存数据

使用 JSP 实现数据保存，并能够在多个 JSP 中实现共享。

任务 1　初识 Web 项目

关键步骤如下：

➢　安装 Tomcat 服务器。

➢　配置 Tomcat 服务器。

➢　在工具中创建项目。

➢　部署 Web 项目。

7.1.1　程序架构

进行项目开发，首先要确立的是程序架构的类型。在明确程序架构的基础上才能开展后续开发工作，下面将介绍两种常用的程序架构。

1. 程序架构的分类

（1）C/S 架构

在程序架构中，C/S 架构是一种客户端 / 服务器的工作模式，由两个部分组成。"C"表示 Client，即客户端；"S"表示 Server，即服务器。C/S 架构的程序最显著的特点就是，在使用前首先需要在用户本地安装客户端，然后调用服务器得到相应的服务，即由服务器来提供服务，由客户端来使用服务。

使用基于 C/S 架构开发的应用程序，在使用时都必须安装客户端，当应用程序有变化时需要重装或更新客户端，维护的成本很高，而 B/S 架构则解决了这个问题。

（2）B/S 架构

在 B/S 架构中，程序采用了浏览器 / 服务器的工作模式，又称为请求 / 响应模式。

其中"B"表示 Browser，即浏览器；而"S"则依然表示的是 Server，即服务器。从这种工作模式不难看出，原来的客户端被浏览器所代替，用户无须在本地进行烦琐的客户端安装，只需要连通网络，打开浏览器窗口即可使用服务器端提供的各种服务。

使用 B/S 架构，在很大程度上降低了对用户本地设备环境的要求。同时，也极大地降低了程序维护的成本，非常方便。

2. B/S 架构的工作原理

B/S 架构采用浏览器请求，服务器响应的工作模式。下面介绍 B/S 架构是如何工作的。B/S 架构的工作原理如图 7.4 所示。

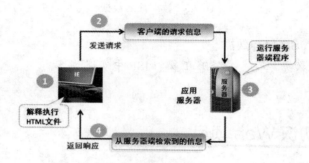

图 7.4　B/S 架构的工作原理

B/S 架构的工作原理，总结起来包括以下 4 点。

1）客户端（通常是浏览器）接受用户的输入：一个用户在 IE（一种常用浏览器）中输入用户名、密码。

2）客户端向应用服务器端发送请求：客户端把请求消息（包含用户名、密码等信息）发送到应用服务器端，等待服务器端的响应。

3）服务器端程序进行数据处理：应用服务器端通常使用服务器端技术，如 JSP 等，对请求进行数据处理。

4）发送响应：应用服务器端向客户端发送响应消息（从服务器端检索到的数据），并由用户的浏览器解释执行响应文件，呈现到用户界面。

7.1.2　统一资源定位符

统一资源定位符（Uniform Resource Locator，URL）是 Internet 上标准的资源地址。一个完整的 URL 由以下几部分组成，例如：

http://www.kgc.cn/news/201609/newslist.jsp?page=6

➢　协议：http 是传输数据时所使用的协议。

➢　主机：www.kgc.cn 可以定位到课工场的主机，如果知道主机的地址，这里也可以替换成具体的地址来进行定位。

➢　资源的位置：news/201609 是我们要访问的资源的位置或者资源的路径，而

newslist.jsp 则是我们要访问的资源的名称。

> 参数：?page=6 是我们访问某个资源时所携带的参数。
  - ? 表示在该 URL 中含有参数需要进行传递。
  - page=6 表示参数名称为"page"，值为 6。
  - 如果需要传递多个参数，使用 & 符号进行连接，如 page=6&size=10。

7.1.3　Web 服务器

1．Web 服务器概述

Web 服务器是可以向发出请求的浏览器提供文档的程序，它的主要功能就是提供网上信息浏览服务。

目前在 Web 应用中，有多种 Web 服务器类型可供选择，常使用的服务器主要有：

> IIS：IIS 是源自 Microsoft 公司的一种信息服务器，服务对象是基于 Windows 系统平台开发的程序应用。

> Tomcat：Tomcat 是 Apache 基金会旗下的一款免费、开源的 Web 服务器软件。

2．Tomcat 服务器

Tomcat 是 Apache 基金会开发的一个小型的轻量级应用服务器，技术先进、性能稳定，而且免费，占用的系统资源小、速度快。

安装 Tomcat 的过程很简单，可以使用解压版，无须安装即可使用。

> **提示：**
>
> 在安装 Tomcat 之前，确认在本地已经安装了 JDK，以免造成 Tomcat 运行错误。

Tomcat 安装好后，会产生一些目录，每个目录功能介绍如表 7-1 所示。

表 7-1　Tomcat 目录结构

目录	说　明
/bin	存放用于启动和停止 Tomcat 的脚本文件
/conf	存放 Tomcat 服务器的各种配置文件，其中最重要的是 server.xml 文件
/lib	存放 Tomcat 服务器所需的各种 JAR 文件
/logs	存放 Tomcat 的日志文件
/temp	Tomcat 运行时用于存放临时文件
/webapps	Web 应用的发布目录
/work	Tomcat 把由 JSP 生成的 Servlet 放于此目录下

对于 Tomcat 的配置、启动和停止，操作很简单，这里不再做详细介绍。

Tomcat 运行时，最常见的错误是端口冲突和未配置环境变量，请大家注意。

7.1.4　使用 MyEclipse 开发 Web 项目

1．在 MyEclipse 中配置 Tomcat

使用 MyEclipse 开发 Web 项目之前，还需要配置 Tomcat 服务器，配置的过程比较简单，直接在 MyEclipse 中找到 Server 服务器进行配置，找到 Tomcat 相应安装目录即可。

2．Web 项目的创建与部署

Web 项目根据 MyEclipse 工具提示创建即可。开发完毕后，必须要部署到服务器中，才能被访问。部署 Web 项目的方式包括：

➤　导出 war 包方式实现部署。

➤　通过复制项目文件的方式实现部署。

任务 2　使用 JSP 实现输出显示

关键步骤如下：

➤　使用 out 命令输出显示数据。

➤　使用表达式输出新闻内容。

➤　使用转义字符输出特殊字符。

7.2.1　JSP 简介

了解服务器，掌握其配置方法，能够部署 Web 项目，这些仅仅是进行 Web 项目开发必备的基础知识。要真正地开始进行 Web 项目的开发工作，还必须熟练掌握 JSP 技术，否则就谈不上具备 Web 项目开发的能力。下面就介绍 JSP 技术。

1．JSP 概述

Java Server Page，简称 JSP，是一种运行在服务器端的 Java 页面，最初是由 Sun 公司倡导、许多公司共同参与，一同建立起来的一种动态网页技术标准。

JSP 在开发时是采用 HTML 语言嵌套 Java 代码的方式实现的。

2．JSP 工作原理

JSP 运行在服务器端，当用户通过浏览器请求访问某个 JSP 资源时，Web 服务器会使用 JSP 引擎对请求的 JSP 进行编译和执行，然后将生成的页面返回给客户端浏览器进行显示，整个的工作原理如图 7.5 所示。

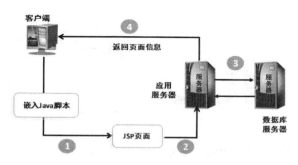

图 7.5　JSP 的工作原理

3.　JSP 执行过程

当 JSP 请求提交到服务器时，Web 容器会通过三个阶段实现处理，分别是：

➢ 翻译阶段：当 Web 服务器接收到 JSP 请求时，首先会对 JSP 文件进行翻译，将编写好的 JSP 文件通过 JSP 引擎转换成可识别的 Java 文件（.java 文件）。

➢ 编译阶段：经过翻译后的 JSP 文件相当于我们编写好的 Java 源文件，此时仅有 Java 源文件是不够的，必须要将 Java 源文件编译成可执行的字节码文件（.class 文件）。所以 Web 容器处理 JSP 请求的第二阶段就是执行编译。

➢ 执行阶段：Web 容器接受了客户端的请求后，经过翻译和编译两个阶段，生成了可被执行的二进制字节码文件，此时就进入执行阶段。当执行结束后，会得到处理请求的结果，Web 容器再把生成的结果页面返回到客户端显示。

Web 容器处理 JSP 文件请求的三个阶段如图 7.6 所示。

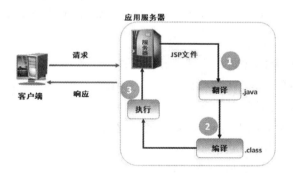

图 7.6　Web 容器处理 JSP 请求的三个阶段

一旦 Web 容器把 JSP 文件翻译和编译完，Web 容器会将编译好的字节码文件保存在内存中，客户端发生再一次的 JSP 请求时，就可以重用这个编译好的字节码文件，没有必要再把同一个 JSP 进行翻译和编译了，这就大大提高了 Web 应用系统的性能。与之相反的情况是，如果对 JSP 进行了修改，Web 容器就会及时发现改变，此时 Web 容器就会重新执行翻译和编译。所以，JSP 在第一次请求时会比较慢，后续访问时速度就很快，当然如果发生了 JSP 文件变化，同样需要重新进行编译。

Web 容器对同一 JSP 文件的二次请求的处理过程如图 7.7 所示。

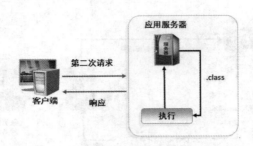

图 7.7　Web 容器处理 JSP 文件的第二次请求

7.2.2　JSP 语法

1．page 指令

page 指令通过设置内部的多个属性来定义 JSP 文件中的全局特性，需要强调的是每个 JSP 都有各自的 page 指令，如果没有对某些属性进行设置，JSP 容器将使用默认的属性设置。page 指令的语法：

`<%@ page language=" 属性值 " import=" 属性值 " contentType=" 属性值 "%>`

➢　language 属性用于指定 JSP 使用的语言，JSP 中默认是"Java"。

➢　import 属性用于引用脚本语言中使用到的类。

➢　contentType 属性用于指定页面生成内容的 MIME 类型，通常为 text/html 类型。其中，可以使用 charset 指定字符编码方式。

page 指令是 JSP 非常重要的指令之一，常见的 page 指令设置如下：

`<%@ page language="java" contentType="text/html;charset=UTF-8" pageEncoding=" UTF-8"%>`

2．JSP 注释

在 JSP 中实现注释的方式有三种，分别是：

➢　HTML 注释：`<!--HTML 注释 -->`，使用这种方式注释的内容在浏览器通过查看源代码的方式可以看到。

➢　JSP 注释：`<%--JSP 注释 --%>`，使用这种方式注释的内容在浏览器通过查看源代码的方式不可见。

➢　JSP 脚本注释：`<%//JSP 单行注释 %>`、`<%/*JSP 多行注释 */%>`，由于 JSP 脚本中的代码就是 Java 语言，因此在脚本中进行代码注释就等同于对 Java 代码进行注释。

7.2.3　JSP 的输出显示

在学习了 JSP 中几个重要的语法知识后，下面将要学习如何在 JSP 中输出显示。

1．out 对象输出显示

out 对象是 JSP 提供的一个内置对象，它的作用就是向客户端输出数据。out 对象最常用的方法如表 7-2 所示。

表 7-2　out 对象的常用方法

方　　法	说　　明
print()	向页面输出显示
println()	向页面输出显示，在显示末尾添加换行

⊃ 示例 1

使用 out 对象输出新闻标题，并在 JSP 中应用三种注释方式。

关键代码：

```
……
<body>
<!-- HTML 注释 -->
<%-- 新闻标题 --%>
<%
/* 新闻标题 */
out.println(" 谈北京精神 ");// 标题 1
out.print(" 再谈北京精神 ");
%>
</body>
……
```

运行效果如图 7.8 所示。

图 7.8　out 对象输出显示

示例 1 的代码运行结果在页面中输出新闻标题，但是显示的内容并没有实现换行输出，查看页面的源文件，如图 7.9 所示。

图 7.9　查看源文件代码

可以发现在经过解析后的页面源代码中，两条输出语句是经过换行处理的，这是因为使用 out 对象输出的代码通过 JSP 脚本实现内容直接换行，而能够被 HTML 页面识别的换行是
 标签，因此才会造成图 7.8 和图 7.9 所示的效果差异。

输出新闻内容的实现过程与输出新闻标题的实现过程非常类似，只是内容变化而已，这里就不再举例说明。

2. 表达式与变量

（1）表达式

使用 out 对象输出时需要在 HTML 标签中进行嵌套，页面中会显得混乱。所以 JSP 还提供了另外一种输出显示的方式，就是借助表达式实现输出显示。表达式的语法：

<%=Java 表达式 %>

Java 表达式通常情况下会用一个 Java 变量来代替，也可以是带有返回值的方法。

> 🔍 **提示：**
>
> 　使用表达式进行输出时，在表达式的结尾处不能添加分号来表示结束，否则 JSP 会提示错误。

在 JSP 中，表达式通常用于输出变量的值，可以用在任何地方。

（2）变量

在之前的学习中，已经熟练掌握了如何在程序中使用变量，那么在 JSP 中该如何使用变量呢？

在 JSP 中，变量依据其作用范围分为局部变量和全局变量。除了作用域不同，声明的方式也有所不同。变量声明的语法：

声明局部变量：

<% type name=value %>

声明全局变量：

<%! type name=value %>

➲ 示例 2

使用变量保存新闻内容，使用表达式实现输出显示。

分析：

要实现这个功能，只需要将原来在页面中写好的新闻内容分别保存在不同的变量中，然后使用表达式一一输出显示即可。

关键代码：

```
<!-- 新闻的标题 -->
<%
    ……
    String title=" 谈北京精神 ";        // 新闻标题
    String author="Kgc";              // 新闻发布者
    String category=" 新闻信息 ";       // 新闻分类
    // 新闻摘要
```

```
String summary=" 北京是一座拥有灿烂文明的古城，…";
// 新闻内容
String content="<p> 侯仁之先生在谈到北京的城市建设时曾经提到过 3 个里程碑：…</P>";
%>
<h1><%=title %></h1>
<div class="source-bar"> 发布者：<%=author %> 分类：<%=category%> </div>
<div class="article-content">
    <span class="article-summary"><b> 摘要：</b><%=summary%></span><%=content%>
</div>
```

3．转义字符的输出

如果希望在页面中输出一些特殊的符号，如输出单引号或者双引号，必须要使用转义字符进行输出，否则输出显示将会异常。在 JSP 中使用转义字符输出的语法非常简单，使用 "\" 符号添加到需要输出的特殊字符前即可。

4．JSP 的错误调试方法

JSP 在运行过程中有时会因为不同的原因出现错误，而这些错误在 JSP 中都会有不同的错误代码与之对应。掌握这些常见错误代码及调试方法，对于开发 Web 项目是非常重要的。JSP 常见的错误及调试方法如表 7-3 所示。

表 7-3　JSP 常见错误及调试方法

错误代码 / 或描述	说明	调试及解决方法
404	找不到访问的页面或资源	检查 URL 是否错误 JSP 是否在不可访问的位置，如 WEB-INF 目录
500	JSP 代码错误	检查 JSP 代码，修改错误
页面无法显示	未启动 Tomcat	启动 Tomcat

任务3　使用 JSP 获取用户注册数据

关键步骤如下：
➤　正确使用表单提交数据。
➤　使用 request 对象读取表单数据。
➤　解决数据显示时的中文乱码显示。
➤　使用转发或者重定向实现页面的跳转。

7.3.1　表单与 request 对象

1．表单回顾

在 HTML 中，表单用于填写数据，并通过提交实现数据的请求。在这里，我们再简单回顾一下表单的结构。表单在提交时有两种提交方式，分别是 POST 方式和 GET 方式，这两种提交方式的区别如表 7-4 所示。

表 7-4　POST 与 GET 的区别

比　较	POST	GET
是否在 URL 中显示参数	否	是
数据传递是否有长度限制	无	有
数据安全性	高	低
URL 是否可以传播	否	是

2. request 对象

在之前的学习中，曾经使用 out 对象实现页面输出，同样 request 对象也是 JSP 的一个内置对象，所以在 JSP 中可以直接使用。在 reqeust 对象中保存了用户的请求数据，通过调用相关方法就可以实现请求数据的读取。request 对象获取表单数据的常用方法如表 7-5 所示。

表 7-5　request 对象获取数据的常用方法

方　法	说　明
getParameter(String name)	返回指定参数名称的数值，返回值类型为 String 类型，若无对应名称的参数，返回 NULL
getParameterValues(String name)	返回具有相同参数名称的数值集合，返回类型为 String 类型的数组

➲ 示例3

获取用户在注册页面输入的数据，并在 JSP 中显示。

实现步骤：

（1）创建用户注册输入页面。

（2）提交表单到 JSP。

（3）使用 request 对象获取表单数据。

关键代码：

注册页面关键代码：

```
<form name ="dataForm" id="dataForm" action="doUserCreate.jsp" method="post">
  <table class="tb" border="0" cellspacing="5" cellpadding="0" align="center">
    <tr><td align="center" colspan="2" style="text-align:center;" class= "text_tabledetail2"> 用户注册 </td></tr>
    <tr>
      <td class="text_tabledetail2"> 用户名 </td>
      <td><input type="text" name="username" value=""/></td>
    </tr>
    <tr>
```

```
            <td class="text_tabledetail2"> 密码 </td>
            <td><input type="password" name="password" value=""/></td>
        </tr>
        <tr>
            <td style="text-align:center;" colspan="2">
                <button type="submit" class="page-btn" name="save"> 注册 </button>
            </td>
        </tr>
    </table>
</form>
```

JSP 关键代码：

```
<%
    String username=request.getParameter("username");        // 读取用户名
    out.print(" 用户名：  "+username+"<br/>");
    out.print(" 密码：  "+request.getParameter("password"));   // 读取密码并输出
    out.print("<br/>");
    String email=request.getParameter("email");
    out.print(" 邮箱：  "+email);
%>
```

7.3.2　中文乱码

1.　中文乱码产生的原因

使用 request 对象可以获取表单提交的数据，并可以实现页面输出显示。但是当用户在表单中提交中文信息时，有时候会在页面中显示中文乱码，如图 7.10 和图 7.11 所示。

图 7.10　中文注册信息

图 7.11　中文乱码显示

中文乱码产生的最根本原因是 JSP 页面的默认编码格式不支持中文。JSP 页面默认的编码方式为 "ISO-8859-1"，这个编码方式不支持中文。在进行 JSP 开发时，支持中文显示的编码如表 7-6 所示。

表 7-6　支持中文显示的编码

编码方式	说　明
gb2312	包含常用的简体汉字
gbk	收录了比 gb2312 更多的汉字，包括简体和繁体的汉字
utf-8	包含全世界所有国家需要用的字符，是国际编码，通用性强

2. 中文乱码解决方案

在 JSP 中解决中文乱码问题时，依据请求的方式不同，解决的方式也有所不同。

（1）POST 方式提交时的解决方案

如果表单提交的方式是采用 POST 方式，那么通过设置请求和响应的编码方式就可以解决中文乱码的显示问题。

设置请求的编码方式：

request.setCharacterEncoding("utf-8");

设置响应的编码方式：

response.setCharacterEncoding("utf-8");

如果在 JSP 中已经对 page 指令中的 contentType 中的 charset 设置了编码方式的话，则该语句可省略。

➲ 示例 4

在获取用户注册数据时，使用编码方式解决中文乱码问题。

分析：

在 JSP 中使用 request 对象读取数据之前，先对页面请求和响应进行重新编码，然后再获取数据实现输出。

关键代码：

JSP 关键代码：

```
<%
    // 设置请求的编码方式
    request.setCharacterEncoding("UTF-8");
    // 设置响应的编码方式
    response.setCharacterEncoding("UTF-8");
    String username=request.getParameter("username");        // 读取用户名
    out.print(" 用户名： "+username+"<br/>");
    out.print(" 密码： "+request.getParameter("password"));   // 读取密码并输出
    out.print("<br/>");
    String email=request.getParameter("email");
    out.print(" 邮箱： "+email);
%>
```

重新运行注册页面，再次提交时，填写的中文信息就可以正常显示了，效果如图 7.12 所示。

图 7.12　正确显示中文信息

（2）GET 方式提交时的解决方案

当表单采用 GET 方式提交时，可以用两种方式解决：

➢ 在读取数据时直接对数据进行编码。

new String(s.getBytes("iso-8859-1"),"utf-8")

参数 s 代表一个变量，其中保存了从 request 对象中读取的中文数据。不过这种解决方式只能解决此处中文乱码的显示，适用于乱码数量很少的场合。

> ➤ 通过配置文件设置解决中文乱码显示。

通过设置配置文件可以一劳永逸解决中文乱码的显示，无论页面中存在多少处乱码显示，都可以解决。设置配置文件如下：

配置 tomcat\conf\server.xml 文件：

```
<Connector connectionTimeout="20000" port="8080" protocol="HTTP/1.1"
redirectPort="8443" URIEncoding="UTF-8"/>
```

7.3.3　页面间的数据传递

1. 使用属性存取数据

在 JSP 中为了方便数据使用，有时需要将数据通过 request 对象的属性进行保存和读取，这就需要使用到 request 对象的另外两个方法，分别是 setAttribute() 方法和 getAttribute() 方法。

setAttribute() 方法的语法：

```
public void setAttribute(String name, Object o)
```

该方法没有返回值，参数 name 表示属性名称，参数 o 表示属性的值，为 Object 类型。当需要保存数据时，使用 request 对象直接调用即可。例如：

```
request.setAttribute("mess"," 注册失败 ")
```

getAttribute() 方法的语法：

```
public Object getAttribute(String name)
```

该方法有一个 String 类型的参数，返回值是 Object 类型。获取属性的时候，可以使用 String 类型的属性名，从请求中取出对应的 Object 类型的属性值。

在读取属性中保存的数据时，必须将数据转换成其最初的类型。例如：

```
String mess=(String)request.getAttribute("mess");
```

如果 mess 不等于 null，表示获取到实际数据，可以进行使用。

> **注意：**
>
> 在使用的时候要注意两点：
>
> ① 如果请求对象中没有与参数对应的属性名，getAttribute() 方法会返回 null 值，所以提醒大家在使用这个属性值的时候要做非空判断，否则会出现空指针异常。
>
> ② getAttribute() 方法的返回值类型是 Object 类型，而最初存入的类型可能是字符串或者集合等一些其他类型的数据，这时就需要做数据类型的转换。

2. 使用转发与重定向实现页面跳转

（1）使用重定向实现页面跳转

重定向是指当客户端浏览器提交请求到服务器的 JSP 处理的时候，JSP 的处理结果是要客户端重新向服务器请求一个新的地址。由于是从客户端发送新的请求，因而上次请求中的数据随之丢失，而这种行为就称为重定向。由于服务器重新定向了 URL，因而在浏览器中显示的是一个新的 URL 地址。

重定向是基于 response 对象实现的，response 对象也是 JSP 的内置对象之一，它的作用是对用户的请求给予响应并向客户端输出信息。而 response 对象的 sendRedirect() 方法就可以将用户请求重新定位到一个新的 URL 上。重定向的语法如下：

response.sendRedirect("URL")

参数 URL 表示将要跳转的页面名称或者路径。

○ 示例 5

当用户注册成功后，将页面跳转到主页显示。

关键代码：

```
<%
  // 设置请求的编码方式
  request.setCharacterEncoding("UTF-8");
  // 设置响应的编码方式
  response.setCharacterEncoding("UTF-8");
  String username=request.getParameter("username");
  if( !  username.equals("admin")){
   // 允许注册，注册成功后进入主页
   request.setAttribute("mess"," 注册成功 ");
   response.sendRedirect("index.jsp");
  }
%>
```

> **提示：**
>
> 使用重定向时，当页面跳转到指定页面后，本次请求的数据将会丢失。

（2）使用转发实现页面跳转

使用转发可以实现同一个请求的信息在多个页面中共享。当客户端请求提交到服务器的 JSP 处理的时候，这个 JSP 可以携带请求和响应对象转移到本 Web 应用的另一处进行处理，在另一处处理结束后，产生结果页面响应给客户端浏览器。此时客户端浏览器可以看到结果页面，但 URL 并没有变化，所以不会"知道"服务器端是经过多处的处理后才产生本次请求的结果。转发的语法如下：

request.getRequestDispatcher("URL").forward(request, response);

参数 URL 表示将要跳转的页面名称或者路径。

○ 示例 6

当用户注册失败后，使用属性保存提示信息，页面跳转回注册页面。

关键代码：

```
<%
  // 设置请求的编码方式
  request.setCharacterEncoding("UTF-8");
```

```
// 设置响应的编码方式
response.setCharacterEncoding("UTF-8");
String username=request.getParameter("username");
if(username.equals("admin")){
  // 不允许注册，返回注册页面
   request.setAttribute("mess", " 注册失败，请更换其他用户名 ");
   request.getRequestDispatcher("userCreate.jsp").forward(request, response);
}else{
   request.setAttribute("mess"," 注册成功 ");
   response.sendRedirect("index.jsp");
}
%>
```

🔍 **提示:**

　　使用转发时，会将本次提交的请求与响应一并转发到下一个页面中，所以在下一个页面中，依然可以使用 request 对象和 response 对象获取到请求或响应的数据信息。

（3）转发与重定向的比较

➢ 　重定向的执行过程：Web 服务器向浏览器发送一个 http 响应→浏览器接受此响应后再发送一个新的 http 请求到服务器→服务器根据此请求寻找资源并发送给浏览器。它可以重定向到任意 URL，不能共享 request 范围内的数据。

➢ 　重定向是在客户端发挥作用，通过请求新的地址实现页面转向。

➢ 　重定向是通过浏览器重新请求地址，在地址栏中可以显示转向后的地址。

➢ 　转发的过程：Web 服务器调用内部的方法在容器内部完成请求处理和转发动作→将目标资源发送给浏览器，它只能在同一个 Web 应用中使用，可以共享 request 范围内的数据。

➢ 　转发是在服务器端发挥作用，通过 forward() 方法将提交信息在多个页面间进行传递。

➢ 　转发是服务器内部控制权的转移，客户端浏览器的地址栏不会显示出转向后的地址。

任务 4　使用 JSP 保存数据

关键步骤如下：

➢ 　使用 session 对象实现数据的保存和读取。

➢ 　使用 Cookie 实现数据的保存和读取。

➢ 　使用 application 对象实现数据的保存和读取。

7.4.1 会话概述

1. 会话的概念

会话就是用户通过浏览器与服务器之间进行的一次通话，它可以包含浏览器与服务器之间的多次请求、响应过程。简单地说就是在一段时间内，单个客户与 Web 服务器的一连串相关的交互过程。

在一个会话中，客户可能会多次请求访问一个网页，也有可能请求访问各种不同的服务器资源。

图 7.13 描述了浏览器与服务器的一次会话过程。当用户向服务器发出第一次请求时，服务器会为该用户创建唯一的会话，会话将一直延续到用户访问结束（浏览器关闭可以导致会话结束）。

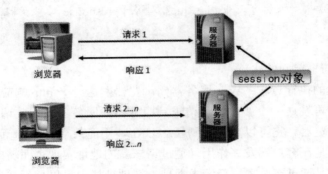

图 7.13　一次会话过程

JSP 提供了一个可以在多个请求之间持续有效的会话对象 session，session 对象允许用户存储和提取会话状态的信息。接下来，我们就来学习 JSP 内置对象 session。

2. session 对象

（1）session 对象

session 一词的原意是指有始有终的一系列动作，在实际应用中通常会翻译成会话。例如，打电话时，甲方拿起电话拨通乙方电话这一系列的过程就可以称为一个会话，电话挂断时会话结束。

（2）session 的工作方式

session 机制是一种服务器端的机制，在服务器端保存信息。当程序接收到客户端的请求时，服务器首先会检查这个客户端是否已经创建了 session。判断 session 是否创建是通过一个唯一的标识"sessionid"来实现的。如果在客户端请求中包含了一个 sessionid，则说明在此前已经为客户端创建了 session，服务器就会根据这个 sessionid 将对应的 session 读取出来。否则，就会重新创建一个新的 session，并生成一个与此 session 对应的 sessionid，然后将 sessionid 在首次响应过程中返回到客户端保存。

（3）使用 session 实现数据的存储与读取

使用 session 进行数据保存时，需要调用相应的方法。session 对象常用的方法如表 7-7 所示。

表 7-7　session 对象的常用方法

方　　法	返回值类型	说　　明
setAttribute(String key, Object value)	void	以 key-value 的形式保存对象值
getAttribute(String key)	Object	通过 key 获取对象值
getId()	String	获取 sessionid
Invalidate()	void	设置 session 对象失效
setMaxInactiveInterval(int interval)	void	设置 session 的有效期
removeAttribute(String key)	void	移除 session 中的属性

使用 session 保存数据：

session.setAttribute(String key,Object value)

从 session 中读取数据：

(Object)session.getAttribute(String key)

➲ 示例 7

用户注册成功后，将用户信息保存到 session 中，在新页面中读取 session 保存的用户信息并显示。

分析：

要完成此功能，首先要在用户注册成功后，将用户的信息保存到 session 中。然后当页面跳转到下一个 JSP 时，读取 session 中的数据并显示。需要注意的是，读取 session 时，首先要对 session 内容进行判断，否则对一个不存在的数据进行类型转换将会造成程序异常。

关键代码：

注册处理页面关键代码：

```
<%
  if(username.equals("admin")){
   // 不允许注册，返回注册页面
   ......
  }else{
   session.setAttribute("user", username);
   response.sendRedirect("index.jsp");
  }
%>
```

注册成功跳转页面关键代码：

```
<%
  Object o=session.getAttribute("user");
  if(o==null){
```

```
                // 显示用户名密码，可以在此登录
        %>
            <label> 用 户 名 </label><input type="text" name="uname" /><label> 密 码 </label><input
        type="text" name="upassword" /><button> 登录 </button>
        <%
          }else{
          // 显示 " 欢迎你，XXX"
          out.print(" 欢迎你，"+o.toString());
          }
        %>
```

当运行注册页面，输入用户名"user"时，运行效果如图 7.14 所示。

图 7.14　使用 session 保存数据

（4）session 的有效期

设置 session 有效期的作用是通过及时清理不使用的 session 以实现资源的释放。在 JSP 中清除或者设置 session 过期的方式有两种，一种是程序主动清除 session，另一种是服务器主动清除长时间没有发出请求的 session。

➢ 程序主动清除 session 的方式也分为两种：一种是使用 session.invalidate(); 语句表示 session 失效；另一种是如果仅仅希望清除 session 中的某个属性，可以使用 session. removeAttribute("userName"); 语句将指定名称的属性清除。

➢ 服务器主动清除 session 时同样也可以通过两种方式实现：一种是通过设置 session 的过期时间，调用 setMaxInactiveInterval(int interval) 方法可以设置 session 最大的活动时间，以秒为单位，如果在这个时间内客户端没有再次发送请求，那么服务器将清除这个 session；另一种是通过在配置文件中设置过期时间来实现，即在 Tomcat 服务器的 web.xml 文件中 <web-app> 和 </web-app> 之间添加如下代码：

```
<session-config><session-timeout>10</session-timeout></session-config>
```

📢 注意：

<session-timeout> 里设置的数值以分钟为单位，而不是以秒为单位。

7.4.2　Cookie 概述

1. Cookie

（1）Cookie 的概念

Cookie 由服务器端生成，发送给客户端浏览器，浏览器会将其保存成某个目录下的文本文件。

（2）Cookie 的工作原理

用户在浏览网站时，Web 服务器会将一些资料存放在客户端，这些资料包括用户在浏览网站期间输入的一些文字或选择记录。当用户下一次访问该网站的时候，服务器会从客户端查看是否有保留下来的 Cookie 信息，然后依据 Cookie 的内容，呈现特定的页面内容给用户。

（3）Cookie 与 session 的比较

- session 是在服务器端保存用户信息，Cookie 是在客户端保存用户信息。
- session 中保存的是对象，Cookie 中保存的是字符串。
- session 对象随会话结束而失效，Cookie 则可以长期保存在客户端。
- Cookie 通常用于保存不重要的用户信息，重要的信息使用 session 保存。

2. Cookie 的应用

如果要在 JSP 中使用 Cookie，那么需要经过以下几个步骤。

（1）创建 Cookie 对象

创建 Cookie 对象的语法：

Cookie cookieName=new Cookie(String key,Object value);

- 变量 cookieName：创建的 Cookie 对象。
- 参数 key：Cookie 的名称。
- 参数 value：Cookie 所包含的值。

（2）写入 Cookie

Cookie 创建后，需要将其添加到浏览器中，调用 response 对象的 public void addCookie(Cookie cookie) 方法可以实现写入。写入 Cookie 对象的语法：

response.addCookie(cookieName);

➲ 示例8

用户登录成功，使用 Cookie 保存用户名。

关键代码：

```
// 允许注册，注册成功
Cookie cookie=new Cookie("user",username);
response.addCookie(cookie);
......
response.sendRedirect("index.jsp");
```

（3）读取 Cookie

JSP 通过 response 对象的 addCookie() 方法写入 Cookie 后，读取时将会调用 JSP

中 request 对象的 getCookies() 方法，该方法将会返回一个 Cookie 对象数组，因此必须要通过遍历的方式进行访问。 Cookie 通过 key-value 方式保存，因而在遍历数组时，需要通过调用 getName() 对每个数组成员的名称进行检查，直至找到需要的 Cookie，然后再调用 Cookie 对象的 getValue() 方法取得与名称对应的值。读取 Cookie 的语法：

```
Cookie[] cookies=request.getCookies();
```

○ 示例 9

在新闻系统首页读取 Cookie 中的用户名。

关键代码：

```
<%
  Cookie[] cookies=request.getCookies();
  String user="";
  for(int i=0;i<cookies.length;i++){
    if(cookies[i].getName().equals("user")){
      user=cookies[i].getValue();
    }
  }
%>
<label> 用户名 </label><input type="text" name="uname" value="<%=user %>" />
```

运行程序，当在首页单击"注销"按钮后，用户名会自动显示在"用户名"文本框中。效果如图 7.15 和图 7.16 所示。

图 7.15　注册成功后保存用户名

图 7.16　读取 Cookie 显示用户名

> **注意：**
>
> 　　在读取 Cookie 时，为了确保页面运行不会出现异常，建议在循环 Cookie 数组时先对数组进行判断，以免出现空指针异常。

　　Cookie 创建后，可以通过调用其自身的方法来对 Cookie 进行设置。Cookie 的常用方法如表 7-8 所示。

表 7-8　Cookie 的常用方法

方　　法	返回值类型	说　　明
setValue(String value)	void	创建 Cookie 后，为 Cookie 赋值
getName()	String	获取 Cookie 的名称
getValue()	String	获取 Cookie 的值
getMaxAge()	int	获取 Cookie 的有效期，以秒为单位
setMaxAge(int expiry)	void	设置 Cookie 的有效期，以秒为单位

> **提示：**
>
> 　　使用 setMaxAge(int expiry) 时，有以下几种情况：
> ① 通常情况下 expiry 参数应为大于 0 的整数，表示 Cookie 的有效时间。
> ② 如果设置 expiry 参数等于 0，表示删除 Cookie。
> ③ 设置 expiry 参数为 -1 或者不设置，表示 Cookie 会在当前窗口关闭后失效。

7.4.3　application 对象

　　application 对象类似于系统的"全局变量"，每个 Web 项目都会有一个 application 对象，application 可以在整个 Web 项目中共享使用数据。application 对象的常用方法如表 7-9 所示。

表 7-9　application 对象的常用方法

方　　法	返回值类型	说　　明
setAttribute(String key,Object value)	void	以 key-value 的形式保存对象值
getAttribute(String key)	Object	通过 key 获取对象值

⮑ 示例 10

　　统计网站的访问人数。
　　关键代码：

```
<%
    Object count=application.getAttribute("count");
```

```
    if(count==null){              //application 中未存放 count
      application.setAttribute("count", new Integer(1));
    }else{                                    //application 中已经存放 count
      Integer i=(Integer)count;
      application.setAttribute("count", i.intValue()+1);
    }
    Integer icount=(Integer)application.getAttribute("count");
    out.println(" 页面被访问了 "+icount.intValue()+" 次 ");
%>
```

运行程序，在页面底部显示访问次数，效果如图 7.17 所示。

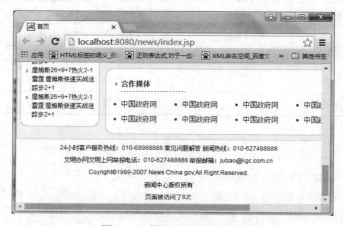

图 7.17　统计网站访问次数

> **补充知识：**
>
> 在 JSP 中的对象，包括用户创建的对象，都有一个范围属性，这个范围也称为"作用域"。范围定义了在什么时间内，在哪一个 JSP 中可以访问这些对象。在 JSP 中有 4 种作用域，分别是 page、request、session 和 application。

7.4.4　page 作用域

所谓的 page 作用域指单一 JSP 的范围，page 作用域内的数据只能在本页面中访问。

在 page 作用域内可以使用 pageContext 对象的 setAttribute() 和 getAttribute() 方法来访问具有这种作用域类型的数据。

page 作用域内的对象在客户端每次请求 JSP 时创建，在服务器发送回响应或请求转发到其他的页面或资源后失效。

⊃ 示例 11

制作两个 JSP 页面，在 testOne 页面中，使用 pageContext 对象保存一个数据，在

testTwo 页面中读取，查看效果。

分析：

如果在创建对象时指定作用范围为 page 范围，那么这个对象只能在这个页面内被
访问，如果在其他页面中进行访问，将无法获取到该对象信息。

关键代码：

testOne.jsp 页面代码如下：

```
<%
    String name = "page";
    pageContext.setAttribute("name",name);
%>
<strong>
testOne:<%=pageContext.getAttribute("name") %>
</strong>
<br/>
<%
    pageContext.include("testTwo.jsp")
%>
```

testTwo.jsp 页面代码如下：

```
<strong>
testTwo:<%=pageContext.getAttribute("name") %>
</strong>
```

图 7.18 　page 作用域

运行效果如图 7.18 所示。

🔍 提示：

pageContext 对象本身也属于 page 范围。具有 page 范围的对象都被绑定到
pageContext 对象中。

7.4.5 　对象的作用域比较

到目前为止，我们已经掌握了对象的四种作用域范围。它们彼此之间的区别如表
7-10 所示。

表 7-10 　四种对象作用域范围的比较

名　　称	说　　明
page 作用域	只在当前页面有效，一旦离开当前页面，则在该范围内创建的对象将无法访问
request 作用域	在同一个请求范围内，可以访问该范围内创建的对象，一旦请求失效，则创建的对象也随之失效
session 作用域	在会话没有失效或者销毁前，都可以访问该范围内的对象
application 作用域	在整个 Web 应用服务没有停止前，都可以从 application 中进行数据的存取

 本章总结

本章学习了以下知识点：

➢ B/S 程序架构的工作原理。

➢ Tomcat 服务器的安装与配置。

➢ 使用 MyEclipse 工具创建 Web 项目。

➢ JSP 基本语法。

◆ page 指令。

◆ JSP 注释。

◆ 变量。

➢ 使用 JSP 实现输出显示。

➢ 使用 JSP 实现数据传递。

➢ 使用 JSP 实现数据保存。

本章练习

1．在某个 JSP 页面中使用了 page 指令：

<%page import="java.util.* ;java.sql.*" contentType="text/html,charSet= GBK"%>

请指出在这个 page 指令中存在几处错误，并对这些错误做出修改。

2．编写一个 JSP 页面，要求用户输入自己的身份证号，提交后在页面上输出该用户的身份证号。

3．编写一个 JSP 页面"lucknum.jsp"，产生 0 ～ 9 之间的随机数作为用户的幸运数字，将其保存到会话中，并重定向到另一个页面 showLuckNum.jsp 中，在该页面中将用户的幸运数字显示出来。

4．使用 Cookie 简化用户邮箱登录，要求如下：

（1）用户第一次登录时需要输入用户名和密码。

（2）登录成功后，在 Cookie 中保存用户的登录状态。

（3）设置 Cookie 有效期为 5 分钟。

（4）在有效期内用户再次登录时，直接显示用户名。

第8章

使用 JDBC 和 JavaBean 操作数据库

本章重点

- ※ JDBC 读取数据
- ※ 使用接口优化业务逻辑
- ※ 连接池与数据源
- ※ JavaBean 的使用
- ※ JSP 标签

本章目标

- ※ JDBC 读取数据
- ※ 连接池与数据源
- ※ JavaBean 的使用

本章任务

学习本章，完成 4 个工作任务。记录学习过程中遇到的问题，可以通过自己的努力或访问 kgc.cn 解决。

任务 1：使用 JDBC 查询新闻信息

使用 JDBC 实现新闻系统数据访问，能够查询新闻信息并在控制台显示。新闻信息显示内容包括：

➢ 新闻编号
➢ 新闻标题
➢ 新闻摘要
➢ 新闻内容
➢ 新闻作者
➢ 发布时间

任务 2：使用 JDBC 实现对新闻信息的编辑

升级任务 1，实现对新闻信息的编辑（新增）操作，并将新增后的新闻信息在控制台显示。显示的内容与任务 1 要求相同。

任务 3：新闻列表的显示

使用 JDBC 访问数据库，从数据库中读取新闻信息，在 JSP 中以列表方式显示新闻信息。运行效果如图 8.1 所示。

图 8.1 显示新闻信息列表

任务 4：使用 JSP 实现新闻信息的添加

在新闻系统中，编写代码实现新闻信息添加功能。运行效果如图 8.2 所示。

图 8.2　新闻信息添加

任务 1　使用 JDBC 查询新闻信息

关键步骤如下：

➢　JDBC 访问数据库。

➢　JDBC 操作数据库。

➢　将查询到的数据在控制台输出显示。

8.1.1　JDBC 概述

在之前的学习中，新闻标题等数据的存储和显示都是在 JSP 中直接通过变量来实现的，但是当页面中需要显示大量的数据信息时，就不能再使用变量来实现了。使用数据库来存储数据，通过访问数据库实现数据的读取和编辑，是进行项目开发必须要掌握的一门技术。

1．JDBC 技术

（1）JDBC 的概念

JDBC（Java DataBase Connectivity）是一种 Java 数据库连接技术，能实现 Java 程序对各种数据库的访问。由一组使用 Java 语言编写的类和接口组成，这些类和接口称为 JDBC API，它们位于 java.sql 以及 javax.sql 包中。

（2）JDBC 的作用

在项目开发中，使用 JDBC 可以实现应用程序与数据库之间数据的通信，简单来说，JDBC 的作用有以下三点。

1）建立与数据库之间的访问连接。

2）将编写好的 SQL 语句发送到数据库执行。

3）对数据库返回的执行结果进行处理。

（3）JDBC 的工作原理

JDBC 在执行时有一套固定的执行流程，也就是 JDBC 的工作原理，如图 8.3 所示。

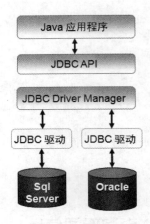

图 8.3　JDBC 工作原理

从图 8.3 中可以看到一个 JDBC 程序有几个重要组成要素。顶层是自己编写的 Java 应用程序，Java 应用程序可以使用 java.sql 和 javax.sql 包中的 JDBC API 来连接和操作数据库。

2. JDBC 访问数据库

（1）JDBC API

使用 JDBC 访问数据库，就必须要使用到 JDBC API。JDBC API 可以完成三件事情：与数据库建立连接、发送 SQL 语句和处理结果，如图 8.4 所示。

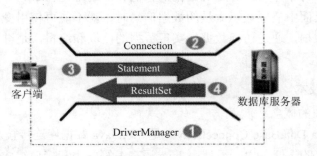

图 8.4　JDBC API

图 8.4 展示了在使用 JDBC API 时，JDBC API 工作的四个重要环节。

1）DriverManager 类：依据数据库的不同，管理 JDBC 驱动。

2）Connection（连接）接口：负责连接数据库并担任传送数据的任务。

3）Statement 接口：由 Connection 产生，负责执行 SQL 语句。

4）ResultSet 接口：负责保存 Statement 执行后所产生的执行结果。

（2）JDBC 访问数据库的步骤

实现数据库访问的过程，需要执行以下几个步骤：

1）使用 Class.forName() 方法加载 JDBC 驱动类。如果系统中不存在给定的类，则会引发异常，异常类型为"ClassNotFoundException"。加载驱动的语法如下：

```
Class.forName("JDBC 驱动类的名称 ");
```

2）使用 DriverManager 类获取数据库的连接。

DriverManager 类跟踪已注册的驱动程序，当调用 getConnection() 方法时，它会搜索整个驱动程序列表，直到找到一个能够连接至数据库连接字符串中指定的数据库的驱动程序。加载此驱动程序之后，将使用 DriverManager 类的 getConnection() 方法建立与数据库的连接。此方法接收 3 个参数，分别表示数据库 URL、数据库用户名和密码。其中，数据库用户名和密码是可选的。获取数据库连接的语法：

```
Connection con = DriverManager.getConnection( 数据库 URL, 数据库用户名 , 密码 );
```

➲ 示例 1

使用 JDBC 访问新闻系统数据库，加载数据库驱动，获取数据库连接。

关键代码：

```
public void getNewsList(){
    try {
        //(1) 使用 Class.forName() 加载驱动
        Class.forName("com.mysql.jdbc.Driver");
        //(2) 获得数据库连接
        Connection connection=DriverManager.getConnection("jdbc:mysql://localhost:3306/news",
        "root","root");
    } catch (ClassNotFoundException e) {
        e.printStackTrace();
    }
}
```

使用 JDBC 访问数据库的第一步就是要加载驱动，然后是获取数据库连接，这个过程可能会产生异常，所以在代码中使用了 try-catch 语句对异常进行捕捉处理。

3）发送 SQL 语句，并得到结果集。一旦连接建立，就使用该连接创建 Statement 接口的实例，并将 SQL 语句传递给它所连接的数据库，并返回类型为 ResultSet 的对象，它包含执行 SQL 查询的结果。

创建 Statement 接口的实例的语句如下：

```
Statement stmt = connection.createStatement();
```

获取结果集对象的语句如下：

```
ResultSet rs = stmt.executeQuery("SELECT a, b, c FROM table1");
```

➲ 示例 2

在示例 1 基础上，执行 SQL 语句并获得结果集。

关键代码：

```
……
    //(1) 使用 Class.forName() 加载驱动
    Class.forName("com.mysql.jdbc.Driver");
```

```
//(2) 获得数据库连接
Connection connection=DriverManager.getConnection("jdbc:mysql://localhost:3306/news",
"root","root");
//(3) 获得 Statement 对象，执行 SQL 语句
String sql="select * from news_detail";
Statement stmt=connection.createStatement();
ResultSet rs=stmt.executeQuery(sql);
```
......

4）处理结果。

执行 SQL 语句后，会返回一个结果集 ResultSet 对象。对结果集进行处理的步骤概括如下：

➤ 使用 ResultSet 对象的 next() 方法判断结果集是否包含数据。

➤ 在结果集不为空的情况下调用 ResultSet 对象的 getXxx() 方法，得到记录中字段对应的值。

➲ 示例 3

在示例 2 基础上，对结果集进行处理。

关键代码：

......
```
//(4) 处理执行结果 (ResultSet)
while(rs.next()){
    int id=rs.getInt("id");
    String title=rs.getString("title");
    String summary=rs.getString("summary");
    String content=rs.getString("content");
    String author=rs.getString("author");
    Timestamp time=rs.getTimestamp("createdate");
    System.out.println(id + "\t" + title + "\t" + summary + "\t"+
    content + "\t" + author + "\t" + time);
}
```
......

5）释放资源。在访问数据库结束后，应及时地将资源进行释放。释放资源时需要注意两个问题：

➤ 资源释放应按照创建的顺序逐一进行释放，先创建的后释放，后创建的先释放。

➤ 由于资源释放不考虑程序本身运行是否正常，所以将释放资源置于 finally 语句块中，确保程序最终会执行资源释放的语句。

➲ 示例 4

访问数据库结束后，释放资源。

关键代码：

......
```
finally{
    //(5) 释放资源
    try {
        if(rs!=null){
            rs.close();                    // 关闭结果集对象
```

```
        }
        if(stmt!=null){
            stmt.close();                    // 关闭 Statement 对象
        }
        if(connection!=null){
            connection.close();              // 关闭连接对象
        }
    } catch (SQLException e) {
        e.printStackTrace();
    }
}
......
```

　　经过上述 5 个步骤就实现了应用程序与数据库之间的连接，可以通过 JDBC 访问数据库并能够实现数据的查询显示。

8.1.2　设置配置文件

　　使用 JDBC 访问数据库，除了可以把数据库参数写在代码中，还可以使用配置文件的形式保存数据库连接参数。使用配置文件方式访问数据库的优势在于，可以一次编写，随时调用，并且一旦数据库类型发生变化，只需要修改配置文件就可以实现在整个项目中的应用。

1．配置文件的创建与设置

　　（1）配置文件的创建

　　在项目中创建配置文件的方式很简单，具体的操作步骤在这里不再进行赘述。需要强调的是，配置文件的扩展名是"*.properties"。

　　（2）配置文件的设置

　　创建好配置文件后，就可以在配置文件中进行数据库访问的相关配置。在配置文件中，采用 key-value（键 - 值）对的方式进行内容的组织。

➲ 示例5

　　修改新闻系统数据库访问方式，以配置文件来存储访问信息。

　　关键代码：

```
jdbc.driver_class=com.mysql.jdbc.Driver
jdbc.connection.url=jdbc:mysql://localhost:3306/news
jdbc.connection.username=root
jdbc.connection.password=root
```

> **提示：**
> 以 key-value 对方式进行配置文件编写，等号左边表示键（key），等号右边表示值（value）。

2. 读取配置文件

由于将数据库访问设置保存在配置文件中，所以在进行数据库连接时就需要对配置文件进行读取。在本书中，使用 Properties 对象的 load() 方法来实现配置文件的读取，这就涉及到使用流来实现文件读写的操作。

通常在进行文件读取时，都会将方法置于一个工具类中，并在构造这个工具类的同时来进行配置文件的读取。

⊃ 示例 6

构建数据库访问的工具类，用于读取配置文件。

关键代码：

```java
// 读取配置文件（属性文件）的工具类
public class ConfigManager {
    private static ConfigManager configManager;
    private static Properties properties;
    // 在构造工具类时，进行配置文件的读取
    private ConfigManager(){
     String configFile="database.properties";
     properties=new Properties();
     InputStream in=ConfigManager.class.getClassLoader().getResourceAsStream (configFile);
     try {
         // 读取配置文件
         properties.load(in);
         in.close();
     } catch (IOException e) {
         e.printStackTrace();
     }
    }
    // 通过单例模式设置实例化的个数
    public static ConfigManager getInstance(){
        if(configManager==null){
            configManager=new ConfigManager();
        }
        return configManager;
    }
    // 通过 key 获取对应的 value
    public String getString(String key){
        return properties.getProperty(key);
    }
}
```

在工具类编写完成后，就可以在程序中进行调用，将访问数据库的连接代码先通

过配置文件读取，获取到相关访问数据后，再实现数据库的访问。

➲ 示例 7

使用配置文件方式实现数据库访问。

关键代码：

```
public void getNewsList(){
    Connection connection=null;
    Statement stmt=null;
    ResultSet rs=null;
    // 通过工具类读取配置文件相关信息
    String driver=ConfigManager.getInstance().getString("jdbc.driver_class");
    String url=ConfigManager.getInstance().getString("jdbc.connection.url");
    String username=ConfigManager.getInstance().getString("jdbc.connection.username");
    String password=ConfigManager.getInstance().getString("jdbc.connection.password");
    try {
        //(1) 使用 Class.forName() 方法加载驱动
        Class.forName(driver);
        //(2) 获得数据库连接
        connection=DriverManager.getConnection(url,username,password);

        //(3) 获得 Statement 对象，执行 SQL 语句
        ……
    }
```

示例 7 中，将读取新闻信息时的数据库访问方式修改成通过配置文件读取方式实现，修改完毕后，运行程序依然可以实现数据的读取显示。

任务 2　使用 JDBC 实现对新闻信息的编辑

关键步骤如下：

➢　使用 JDBC 访问数据库。

➢　使用 PreparedStatement 对象实现信息编辑。

➢　对执行结果进行处理。

8.2.1　PreparedStatement 概述

1. PreparedStatement 对象

PreparedStatement 接口继承自 Statement 接口，PreparedStatement 对象比普通的 Statement 对象使用起来更加灵活、更有效率。

PreparedStatement 实例包含已编译的 SQL 语句，SQL 语句可具有一个或多个输入参数。这些输入参数的值在 SQL 语句创建时未被指定，而是为每个输入参数保留一个

问号"？"作为占位符。

在执行 PreparedStatement 对象之前，必须设置每个输入参数的值。可通过调用 setXxx() 方法来完成，其中 Xxx 是与该参数对应的类型。例如，如果参数是 Java 类型 int，则使用的方法就是 setInt()。

setXxx() 方法的第一个参数是要设置的参数的序数位置，第二个参数是设置给该参数的值。

> 📣 **注意**：
> ① 如果数据类型为日期格式，可采用：
> setTimestamp(参数位置 , new java.sql.Timestamp(createdate.getTime()));
> createdate 为一个日期对象的实例。
> ② 如果数据类型为 CLOB 类型，则可以将其视为 String 类型进行设置。

> 📖 **经验**：
> PreparedStatement 对象对 SQL 语句进行了预编译，所以其执行速度要快于 Statement 对象。因此，多次执行的 SQL 语句应使用 PreparedStatement 对象，以提高效率。

2. 使用 PreparedStatement 实现数据的编辑

对于数据库数据的操作，归纳起来就是数据的增、删、改、查这 4 种操作类型。在本章任务 1 中，已经实现了新闻信息的查询，所以在这里只以新闻增加的功能为例，而新闻的删除、修改在实现逻辑上的思路是一样的，仅仅是在 SQL 语句的编写上存在一些区别，就不再做过多的描述了。

实现新闻信息增加的功能，需要执行以下几个步骤：

1）编写增加新闻的 SQL 语句。

2）创建 PreparedStatement 对象的实例，并为占位符赋值。

3）执行 SQL 语句。由于 PreparedStatement 对象对 SQL 语句实现了预编译，所以在执行时，直接调用 executeUpdate() 方法即可。

4）根据执行结果进行处理。对数据库记录的增、删、改操作，都会有一个返回结果，表示操作所影响的记录数，如果这个记录数的数值大于 0，表示 SQL 语句执行成功，否则表示失败。

> 🔍 **提示**：
> 数据库的增、删、改操作，除了 SQL 语句不同，其他的操作步骤完全相同，在学习时只需要掌握增加操作的实现过程，然后举一反三，即可掌握另两种数据库信息的操作方式。

8.2.2　使用通用类优化数据库操作

1．BaseDao 类

（1）BaseDao 类的作用

到目前为止，我们已经学习了如何使用 JDBC 查询数据库以及如何使用 JDBC 实现对新闻信息的编辑。仔细观察，不难发现，在进行数据库操作时，很多代码是重复编写的，如访问数据库获取连接、释放资源。而不同的则是 SQL 语句、参数数量及对 SQL 执行结果的处理。因此，数据库操作代码是可以进行优化的，将需要重复编写的代码进行提取，单独存放到一个类中，在实际应用开发中，通常将这个类定义为 BaseDao 类。

编写 BaseDao 类，需要实现以下几个功能：

➢ 获取数据库的连接。

➢ 执行数据库的增、删、改、查操作。

➢ 执行每次访问结束后的资源释放工作。

（2）编写 BaseDao 类

按照 BaseDao 类的作用，编写方法逐一实现获取数据库连接，数据的增、删、改、查以及释放资源。

⊃ 示例 8

编写一个 BaseDao 类，能够获取数据库连接，具备数据库增、删、改、查的通用方法，以及释放资源的通用方法。

关键代码：

```
// 基类：数据库操作通用类
public class BaseDao {
    protected Connection conn;
    protected PreparedStatement ps;
    protected Statement stmt;
    protected ResultSet rs;
    // 获取数据库连接
    public boolean getConnection() {
        return true;
    }
    //增、删、改
     public int executeUpdate(String sql, Object[] params) {
        int updateRows = 0;
        return updateRows;
     }
    // 查询
    public ResultSet executeSQL(String sql,Object[] params) {
```

```
        return rs;
    }
    // 关闭资源
    public boolean closeResource() {
        return true;
    }
}
```

示例 8 中，列举出了在 BaseDao 类中需要完成的方法，具体的方法实现这里不再详细描述。

> **注意：**
>
> 在本章中，将实现数据库信息增、删、改、查的通用方法编写在 BaseDao 类中，这种方式不是必须的。在实际开发中 BaseDao 类可以只包含数据库访问相关的方法，而对于数据库记录操作的方法可以单独编写在一个专门的类中实现。

2. 使用接口优化新闻编辑

在之前完成新闻信息查询和新闻信息编辑时，将实现的方法均写在类中，现在只需要将类转换成接口，然后通过实现这个接口中的方法就能够实现对新闻信息的读取和编辑操作。

⊃ 示例 9

编写接口，实现对新闻信息的增、删、改、查。

关键代码：

```
public interface NewsDao {
    // 查询新闻信息
    public void getNewsList();
    // 增加新闻信息
    public void add(int id, int categoryId, String title, String summary,
        String content, Date createdate);
    // 删除新闻信息
    public void delete(int id);
    // 修改新闻标题信息
    public void update(int id, String title);
}
```

接口编写完毕后，就需要编写接口的实现类来实现接口中定义的方法。

⊃ 示例 10

编写实现新闻信息接口的具体实现类，并实现相应的增、删、改、查方法。

关键代码：

```
public class NewsDaoImpl extends BaseDao implements NewsDao {
    // 查询新闻信息
    public void getNewsList(){
```

```
    ......
    }
    // 增加新闻信息
    public void add(int id, int categoryId, String title, String summary,
        String content, Date createdate) {
        ......
    }
    // 删除新闻信息
    public void delete(int id) {
        ......
    }
    // 修改新闻标题信息
    public void update(int id, String title) {
        ......
    }
}
```

在示例 10 中编写了一个 NewsDaoImpl 接口实现类，继承了 BaseDao 的同时又实现了示例 9 中的 NewsDao 接口，重写了其方法，具体方法实现这里不再赘述。

> 🔍 **提示：**
>
> 在编写接口实现类时，在实现接口的同时，一般还继承 BaseDao 类，就是因为在实现类中可以直接调用 BaseDao 类中定义好的方法，而不用再去导入相应的类。

8.2.3　数据源与连接池

1. 数据源与连接池技术

数据源是在 JDBC 2.0 中引入的一个概念。在 JDBC 扩展包中定义了 javax.sql. DataSource 接口，它负责建立与数据库的连接，在应用程序访问数据库时不必编写连接数据库的代码，可以直接从数据源获得数据库连接。

DataSource 类的全称为 "javax.sql.DataSource"，它有一组特性可以用于确定和描述它所表示的现实存在的数据源，我们配置好的数据库连接池也是以数据源的形式存在的。

在 DataSource 中事先建立了多个数据库连接，这些数据库连接保存在连接池（Connection Pool）中。Java 程序访问数据库时，只需从连接池中取出空闲状态的数据库连接，当程序访问数据库结束时，再将数据库连接返回给连接池，这样做可以提高访问数据库的效率。

归纳总结，数据源（DataSource）的作用是获取数据库连接，而连接池则是对已经创建好的连接对象进行管理，二者的作用不同。工作原理如图 8.5 所示。

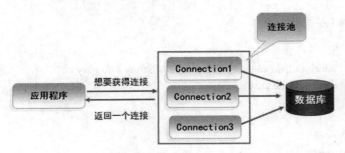

图 8.5　数据源与连接池工作原理

2. 数据源的配置

数据源的配置过程是固定模式：

配置 Tomcat 服务器的配置文件。在 Tomcat 服务器的 conf/context.xml 文件中添加如下配置信息。

```
<Resource name="jdbc/news"
    auth="Container" type="javax.sql.DataSource" maxActive="100"
    maxIdle="30" maxWait="10000" username="root" password="root"
    driverClassName="com.mysql.jdbc.Driver"
    url="jdbc:mysql://localhost:3306/news"/>
```

Resource 元素中各个属性的含义如表 8-1 所示。

表 8-1　Resource 元素属性说明

属性	说　　明
name	指定 Resource 的 JNDI 名称
auth	指定管理 Resource 的 Manager（Container 由容器创建和管理，Application 由 Web 应用创建和管理）
type	指定 Resource 所属的 Java 类
maxActive	指定连接池中处于活动状态的数据库连接的最大数量
maxIdle	指定连接池中处于空闲状态的数据库连接的最大数量
maxWait	指定连接池中连接处于空闲的最长时间，超过这个时间会提示异常，取值为 -1，表示可以无限期等待，单位为毫秒（ms）

至此，数据源的配置已经完成，下面就需要从程序中来访问数据源。

3. 使用 JNDI 读取数据源

JNDI（Java Naming and Directory Interface，Java 命名与目录接口）是一个应用程序设计的 API，为开发人员提供了查找和访问各种命名和目录服务的通用、统一的接口。

我们可以把 JNDI 简单地理解为一种将对象和名字绑定的技术，即指定一个资源名称，将该名称与某一资源或服务相关联。由于数据源是由 Tomcat 容器创建的，因此需要使用 JNDI 来获取数据源。

获取数据源时，javax.naming.Context 提供了查找 JNDI Resource 的接口，通过该

对象的 lookup() 方法，就可以找到之前创建好的数据源。lookup() 方法的语法：

lookup("java:comp/env/ 数据源名称 ")

"java:comp/env/" 这个前缀是 Java 的语法要求，必须要写上，其后才是在 context. xml 文件中 \<Resource\> 元素的 name 属性的值，也就是数据源的名称。

⊃ 示例 11

配置数据源，编写程序获取数据源。

关键代码：

```
// 获取数据库连接
public Connection getConnection2() {
    try {
        // 初始化上下文
        Context cxt=new InitialContext();
        // 获取与逻辑名相关联的数据源对象
        DataSource ds=(DataSource)cxt.lookup("java:comp/env/jdbc/news");
        conn=ds.getConnection();
    } catch (NamingException e) {
        e.printStackTrace();
    } catch (SQLException e) {
        e.printStackTrace();
    }
    return conn;
}
```

在示例 11 中，Context 对象的实例调用 lookup() 方法来获取数据源，数据源是 DataSource 类型，所以需要进行类型转换。

> **📢 注意：**
>
> 读取数据源获取数据库连接时，首先要确保 Tomcat 服务器已经启动，其次读取数据源的代码应运行在 Tomcat 中。

4. 调用数据源得到连接

在应用程序中调用数据源获取连接的代码很简单，只需要实例化获取数据源方法所在类，然后调用获取数据源的方法就可以得到一个 Connection 对象。

⊃ 示例 12

在 JSP 中编写代码，实现数据源调用，获得访问连接。

关键代码：

```
……
<%
    BaseDao baseDao=new BaseDao();
    Connection conn=baseDao.getConnection2();
%>
<%=conn %>
……
```

运行效果如图 8.6 所示。

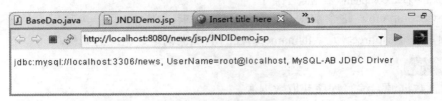

图 8.6　使用 JNDI 访问数据源

任务 3　新闻列表的显示

关键步骤如下：

➢　使用 JavaBean 封装数据。

➢　使用 JavaBean 封装业务。

➢　使用 JSP 显示数据列表。

➢　使用 JSP 标签实现 JavaBean 属性的读取设置。

8.3.1　JavaBean

1．JavaBean 概述

JavaBean 是 Java 中开发的可以跨平台的可重用组件，在 Web 程序中常用来封装业务逻辑和进行数据库操作。在程序开发中，程序员们所要处理的无非是业务逻辑和数据，而这两种操作都要用到 JavaBean，因此 JavaBean 很重要。

JavaBean 实际上就是一个 Java 类，这个类可以重用。JavaBean 从功能上可以分为以下两类：

➢　封装数据。

➢　封装业务。

JavaBean 一般情况下应满足以下要求：

➢　是一个公有类，并提供无参的公有的构造方法。

➢　属性私有。

➢　具有公有的 getter 和 setter 方法。

符合上述条件的类，我们都可以把它看成 JavaBean 组件。

2．JavaBean 的应用

（1）JavaBean 封装数据

使用 JavaBean 封装数据，实际上就是将数据库中某一张表的字段进行封装，因此 JavaBean 封装数据时，每一个属性都要与数据表中的字段一一对应。为了方便对 JavaBean 中属性的操作，分别设置了 setXxx() 方法和 getXxx() 方法来实现对属性的赋值与读取。

➲ 示例 13

使用 JavaBean 封装新闻信息。

```java
// 新闻信息的 JavaBean
public class News {
    // 新闻属性
    private int id;
    private int categoryId;
    ……
    //setter 以及 getter
    public int getId() {
        return id;
    }
    public void setId(int id) {
        this.id = id;
    }
    public int getCategoryId() {
        return categoryId;
    }
    public void setCategoryId(int categoryId) {
        this.categoryId = categoryId;
    }
    ……
}
```

（2）JavaBean 封装业务

相对于一个封装数据的 JavaBean，一般都会有一个封装该类的业务逻辑和操作的 JavaBean 与之对应。实际上在之前的代码中已经实现了使用 JavaBean 封装业务逻辑，如 BaseDao 类、NewsDao 接口及 NewsDaoImpl 接口实现类。

➲ 示例 14

使用 JavaBean 封装业务操作。

```java
public interface NewsDao {
    // 查询新闻信息
    public List<News> getNewsList();
    // 增加新闻信息
    public boolean add(News news) ;
    // 删除新闻信息
    public boolean delete(int id) ;
    // 修改新闻
    public boolean update(News news) ;
}
```

```
public class NewsDaoImpl extends BaseDao implements NewsDao {
    // 查询新闻信息
    public List<News> getNewsList(){
        List<News> newList=new ArrayList<News>();
        try {
            // 执行 SQL 语句
            String sql="select * from news_detail";
            Object[] params={};
            ResultSet rs=this.executeSQL(sql, params);
            // 处理执行结果
            while(rs.next()){
                int id=rs.getInt("id");
                // 读取结果集数据
                // 封装成新闻信息对象
                News news=new News();
                news.setId(id);
                news.setTitle(title);
                news.setSummary(summary);
                news.setContent(content);
                news.setAuthor(author);
                news.setCreateDate(time);
                // 将新闻对象放进集合中
                newList.add(news);
            }
        }
        // 异常处理和释放资源
        return newList;
    }
```

在实际开发中，通常还会创建一个 Service 层，用于存放与业务逻辑相关的操作。Service 层中的接口和类对 Dao 类的方法实现了封装和调用。

⊃ 示例 15

编写 NewsService 接口及实现类。

```
public interface NewsService {
    // 更新选择的新闻
    public boolean updateNews(News news);
    // 添加新闻
    public boolean addNews(News news);
    // 删除新闻
    public boolean deleteNews(int id);
    // 查询新闻信息
    public List<News> getNewsList();
}

public class NewsServiceImpl implements NewsService {
    private NewsDao newsDao;
```

```
public NewsDao getNewsDao() {
    return newsDao;
}
public void setNewsDao(NewsDao newsDao) {
    this.newsDao = newsDao;
}
public boolean updateNews(News news) {
    return newsDao.update(news);
}
public boolean addNews(News news) {
    return newsDao.add(news);
}
public boolean deleteNews(int id) {
    return newsDao.delete(id);
}
public List<News> getNewsList() {
    return newsDao.getNewsList();
}
}
```

在示例 15 中，NewsServiceImpl 类实现了 NewsService 接口，在实现方法中，不难发现对于新闻的增、删、改、查操作仅仅是调用 NewsDao 接口中的方法，而具体的增、删、改、查是如何实现的，在 Service 中并不重要。这也符合程序代码间低耦合的设计要求。

编写 Service 最大的作用就是将业务逻辑和数据操作分离，就是说不管数据增、删、改、查做出了怎样的改动，在 Service 中控制程序执行时都不会受到影响，这也是 Service 存在的意义。

3. 使用 JSP 脚本显示新闻列表

到目前为止，我们已经完成了对于新闻信息的增、删、改、查的代码编写，下面需要做的就是将新闻信息数据显示在 JSP 中。实现方式很简单，就是在 JSP 中使用脚本方式调用已经写好的后台代码。

➲ 示例 16

使用 JSP 脚本输出显示新闻列表。

分析：

实现新闻列表显示，首先要清楚列表显示的实质就是使用表格显示数据，表格的行数对应数据库中新闻信息的记录数，而表格的列则与一条记录中的字段相对应，显示该字段的内容。其次要理解新闻信息的数据是从数据库中查询得到的，表格的行数应为动态循环添加，与查询结果的总数应相同。

关键代码：

```
<tbody>
<%
```

```
NewsServiceImpl newsService=new NewsServiceImpl();
NewsDao newsDao=new NewsDaoImpl();
newsService.setNewsDao(newsDao);
List<News> newsList=newsService.getNewsList();
// 新闻行数
int i=0;
for(News news:newsList){
    i++;
%>
    // 判断行数是否为偶数，实现隔行变色显示
    <tr <% if(i%2==0){%>class="admin-list-td-h2"<%} %>>
        <td><a href='adminNewsView.jsp?id=3'><%=news.getTitle() %></a></td>
        <td><%=news.getAuthor() %></td>
        <td><%=news.getCreateDate() %></td>
        <td><a href='adminNewsCreate.jsp?id=3'> 修改 </a>
            <a href="javascript:if(confirm(' 确认是否删除此新闻？ '))
                location='adminNewsDel.jsp?id=3'"> 删除 </a>
        </td>
    </tr>
<%   } %>
</tbody>
```

到这里，已经基本实现了任务 3 中对新闻信息的显示。但是仔细观察代码不难发现，在页面中使用 JSP 脚本与 HTML 标签混合方式，使得页面构成很乱，不易读，更不易维护。

其实在 JSP 中还提供了一种方式，就是使用 JSP 标签来优化页面显示，下面就来学习使用 JSP 标签。

8.3.2　使用 JSP 标签显示新闻列表

JSP 动作标签是在 JSP 中已经定义好的动作指令，这些指令实现了最常用的基本功能。通过动作标签，开发人员可以在 JSP 中把页面的显示功能部分封装起来，使整个页面更简洁、更易于维护。

1. 创建 JavaBean 标签 <jsp:useBean>

<jsp:useBean> 标签的作用就是在 JSP 中创建一个 JavaBean 的实例，并指定它的名称和作用范围。<jsp:useBean> 标签的语法如下：

<jsp:useBean id="name" class="package.class" scope="scope">

➢　id：表示创建的 JavaBean 的名称，这个名称可以不与 Java 类名称相同。

➢　class：表示创建的 JavaBean 名称所引用或者指向的 JavaBean 类的完整限定名。

➢　scope：表示这个 JavaBean 的作用范围以及 id 名称的有效范围，总共有 4 个范围，分别是 page（默认值）、request、session 和 application。

在 JSP 中编写代码：

<jsp:useBean id="newsService" class="com.kgc.news.service.impl.NewsServiceImpl" scope="page"/>

```
<jsp:useBean id="newsDao" class="com.kgc.news.dao.impl.NewsDaoImpl" scope= "page"/>
```
等同于如下代码：
```
NewsServiceImpl newsService=new NewsServiceImpl();
NewsDao newsDao=new NewsDaoImpl();
    pageContext.setAttribute("newsService","newsService");
    pageContext.setAttribute("newsDao","newsDao");
```

2. 设置 JavaBean 属性 <jsp:setProperty>

在 JSP 中使用 <jsp:useBean> 标签创建 JavaBean 后，可以对 JavaBean 中的属性进行设置。设置 JavaBean 属性的标签就是 <jsp:setProperty>。<jsp:setProperty> 标签的语法：
```
<jsp:setProperty name="name" property="BeanName" value="value">
```
➤　name：表示被赋值的对象（JavaBean）名称。

➤　property：表示被赋值对象中，需要进行赋值操作的属性名称。

➤　value：表示需要给被赋值属性所赋的值。

在 JSP 中编写代码：
```
<jsp:useBean id="newsService" class="com.kgc.news.service.impl.NewsServiceImpl" scope="page"/>
<jsp:useBean id="newsDao" class="com.kgc.news.dao.impl.NewsDaoImpl" scope="page"/>
<jsp:setProperty property="newsDao" name="newsService" value="<%=newsDao %>"/>
```
等同于如下代码：
```
<%
NewsServiceImpl newsService=new NewsServiceImpl();
NewsDao newsDao=new NewsDaoImpl();
newsService.setNewsDao(newsDao);
%>
```
至此，我们已经使用了 JSP 标签来代替 JSP 脚本实现新闻信息的列表显示，运行页面的效果与图 8.1 所示的效果是相同的。

> **⊙▶扩充阅读：**
>
> 　　JSP 标签既然可以实现对 JavaBean 属性的设置，当然也可以实现对 JavaBean 属性的获取，可以将 <jsp:getProperty> 标签与 <jsp:setProperty> 标签结合使用。这部分内容属于自学内容。

3. 获取 JavaBean 的属性 <jsp:getProperty>

<jsp:getProperty> 的作用很简单，就是获取 JavaBean 的属性值，用于在页面中显示。<jsp:getProperty> 标签的语法如下：
```
<jsp:getProperty name="BeanName" property="PropertyName"/>
```
➤　name：useBean 中使用的 JavaBean 的 id。

➤　property：指定要获取 JavaBean 的属性名称。

⊃ 示例 17

编写一个 JSP，使用 JSP 标签为 news 类的 title 属性进行赋值，并读取显示。

关键代码：

<jsp:useBean id= "news" class="com.kgc.news.entity.News"scope="page"/>

<jsp:setProperty name=" news " property="title" value=" 中国首艘航母交付使用 "/>

<jsp:getProperty name= " news " property="title"/>

运行效果如图 8.7 所示。

图 8.7 获取 JavaBean 的属性

任务 4　使用 JSP 实现新闻信息的添加

关键步骤如下：

➢　在 JSP 中实现页面复用。

➢　获取 JSP 提交的信息数据。

➢　访问数据库并实现信息的增加。

➢　根据数据库执行结果实现页面跳转。

8.4.1　JSP 的页面包含

在 JSP 中实现页面包含的方式有两种，一种是使用 <%@include%> 指令，另一种是使用 <jsp:include> 标签。虽然都是实现页面包含，但是二者在使用时存在一些区别。

1．使用 include 指令实现静态包含

使用 <%@include%> 指令属于静态包含，静态包含是指将被包含的文件插入 JSP 中，简单地说就是将另一个文件中的代码复制到一个 JSP 中。被包含的文件代码将会在 JSP 中被执行。<%@include%> 指令的语法：

<%@inlcude file="URL" %>

file：表示需要包含的页面路径。

例如：

<%@include file="common/common.jsp" %>

将 common 目录下的 common.jsp 文件包含到当前页面中。

2．使用 JSP 标签实现动态包含

<jsp:include> 标签实现的是动态包含页面，允许包含一个静态或者动态的文件。<jsp:include> 在实现页面包含时，采用的是先执行被包含页面的代码，然后将结果包

含到当前页面中的包含方式。<jsp:include> 动态包含的特点：

➢　当包含文件为静态文件时，效果等同于 <%@include%> 指令。

➢　当包含文件为动态文件时，被包含文件也会被 JSP 编译器执行。

<jsp:include> 标签的语法：

<jsp:include page="URL" />

page：表示需要包含的页面路径。

➲ 示例 18

使用 <jsp:include> 标签制作 admin.jsp
页面。运行效果如图 8.8 所示。

分析：

从图 8.8 中可以看出，admin.jsp 页面
划分为 4 个部分，只需要在相应的位置将
对应的 JSP 文件包含进来就可以了。

关键代码：

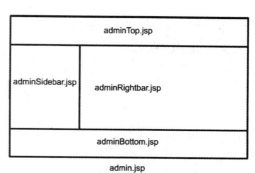

图 8.8　使用 <jsp:include> 标签实现页面包含

```
<!-- 页面顶部 -->
<jsp:include page="adminTop.jsp" />
<!-- 页面中部 -->
<div id="content" class="main-content clearfix">
    <jsp:include page="adminSidebar.jsp"/>
    <jsp:include page="adminRightbar.jsp"/>
</div>
<!-- 页面底部 -->
<jsp:include page="adminBottom.jsp"/>
```

3. 动态包含与静态包含的区别

动态包含 <jsp:include> 与静态包含 <%@include%> 都可以实现在当前 JSP 页面中
插入另一个文件，当然这个文件不仅限于 JSP 文件，还可以是 HTML 文件或者文本文
件。动态包含与静态包含的比较说明如表 8-2 所示。

表 8-2　静态包含与动态包含的比较

静态包含	动态包含
<%@include file="url"%>	<jsp:include page="url" />
先将页面包含，后执行页面代码，即将一个页面的代码复制到另一个页面中	先执行页面代码，后将页面包含，即将一个页面的运行结果包含到另一个页面中
被包含的页面内容发生变化时，包含页面将会被重新编译	被包含页面内容发生变化时，包含页面不会重新编译

8.4.2　JSP 的页面跳转

<jsp:forward> 标 签 的 实 质 与 request.getRequestDispatcher(URL).forward(request,
response) 语句相同，用于实现页面的跳转。

<jsp:forward> 标签的语法：

<jsp:forward page= "URL " />

page：需要跳转的页面路径。

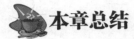 **本章总结**

本章学习了以下知识点：

➢ JDBC 的概念。

➢ 使用 JDBC 访问数据库。

➢ 数据源与连接池。

➢ JavaBean 的概念。

➢ JavaBean 的应用。

➢ JSP 标签

◆ <jsp:useBean>

◆ <jsp:setProperty>

◆ <jsp:getProperty>

◆ <jsp:include>

◆ <jsp:forward>

➢ 静态包含与动态包含。

本章练习

1．使用数据库，创建用户登录信息表，表中包含两个字段：用户名和密码，输入若干条测试数据，然后编写代码实现数据库访问，在控制台输出所有记录信息。

2．在作业 1 的基础上进行修改，使用配置文件实现数据库访问。

3．在作业 2 的基础上进行修改，配置数据源和连接池，使用 JNDI 实现数据库访问。

4．在作业 3 的基础上，使用 JavaBean 封装数据，编写 Service 来控制逻辑，实现查询数据在 JSP 中显示。

第9章

第三方控件和分页查询

▶ **本章重点**

※ 使用 commons-fileupload 上传文件
※ 使用 CKEditor 编辑文本
※ 使用数据分页显示
※ 使用 CallableStatement 调用存储过程

▶ **本章目标**

※ 使用 commons-fileupload 上传文件
※ 数据分页显示

本章任务

学习本章，完成 4 个工作任务。记录学习过程中遇到的问题，可以通过自己的努力或访问 kgc.cn 解决。

任务 1: 为新闻添加图片

在添加新闻的同时，实现图片的上传。图 9.1 所示是添加新闻图片后的展示效果。

图 9.1　添加新闻图片

任务 2: 使用编辑器实现新闻编辑

通过调用第三方控件，实现所见即所得的可视化新闻编辑，效果如图 9.2 所示。

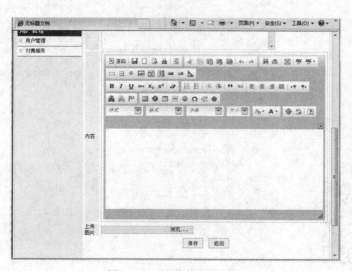

图 9.2　可视化的新闻编辑

任务 3: 新闻信息的分页查询

实现新闻信息的分页查询，并能够在控制台中以每次两条数据的要求，显示新闻内容。新闻信息显示内容包括：

➢ 新闻的标题。

➢ 新闻的作者。

➢ 新闻的发布时间。

任务 4：新闻信息的分页显示

在任务 3 的基础上，将查询到的信息在页面中以分页形式显示，运行效果如图 9.3 所示。

图 9.3　新闻信息分页显示

任务 1　为新闻添加图片

关键步骤如下：

➢ 获取 commons-fileupload 组件。

➢ 配置 commons-fileupload 组件。

➢ 编码实现文件上传。

9.1.1　第三方控件概述

项目开发时，很多功能需要编写大量的代码，业务逻辑复杂，实现相对困难。在以前，这些功能只能由程序员编码完成，但是有了第三方控件，实现功能就相对简单了。什么是第三方控件？如何在项目中使用第三方控件？带着这些问题完成下面的学习。

1.　第三方控件简介

第三方控件又被称为第三方组件，本书将采用第三方组件方式来进行后续的描述。

第三方组件不是软件本身就具有和提供的功能，而是由一个新的组织或者个人开发出来的功能软件。

使用第三方组件，程序员可以避免大量编码，减少开发工作量及由于逻辑或算法造成的程序异常，从而降低开发成本，提高开发效率。第三方组件也存在缺点，由于第三方组件是第三方组织或者个人提供的，在开发时提供的版本可能出现 Bug。一旦出现 Bug，在解决时就相当麻烦。

2. commons-fileupload 组件与 API

虽然使用第三方组件可能会出现 Bug，但其优势还是非常明显的，而且有很多非常实用的组件也被广泛应用到项目中。其中，commons-fileupload 组件是由 Apache 公司开发的一个应用于文件上传的组件，其特点就是使用方便、简单。该组件涉及的 API 介绍如下。

（1）FileItem 接口

FileItem 是一个接口，在该接口中定义用于处理表单内容以及文件内容的方法。在应用过程中，每一个表单中的单个字段元素，都会被封装成一个 FileItem 类型的对象，通过调用 FileItem 对象的相关方法可以得到相关表单字段元素的数据。在应用程序中，可以直接用 FileItem 接口类型来进行访问。

FileItem 接口的常用方法如表 9-1 所示。

表 9-1 FileItem 接口的常用方法

方　　法	返回类型	说　　明
getFieldName()	String	返回表单字段元素的 name 属性值
isFormField()	boolean	判断 FileItem 封装的数据是属于普通表单字段还是文件表单字段 普通表单字段：true 文件表单字段：false
getName()	String	返回上传文件字段中的文件名，文件名通常是不含路径信息的，取决于浏览器实现
write(File file)	void	将 FileItem 对象中的内容保存到指定文件中
getString(String encoding)	String	按照指定编码格式将内容转换成字符串返回

> 提示：
> FileItem 接口的其他方法请参见 API 文档进行学习。

（2）FileItemFactory 接口与 DiskFileItemFactory 类

FileItemFactory 是一个接口，是用于构建 FileItem 实例的工厂。

DiskFileItemFactory 类是 FileItemFactory 接口的实现类，在使用过程中，可以使用 DiskFileItemFactory 类构造一个 FileItemFactory 接口类型的实例：

FileItemFactory factory = new DiskFileItemFactory();

（3）ServletFileUpload 类

ServletFileUpload 类是 Apache 文件上传组件中，用于处理文件上传的一个核心类。它的作用是以 List 形式返回每一个被封装成 FileItem 类型的表单元素集合。

ServletFileUpload 类的构造语法：

public ServletFileUpload(FileItemFactory fileitemfactory)

ServletFileUpload 类的常用方法如表 9-2 所示。

表 9-2　ServletFileUpload 类的常用方法

方　　法	返回类型	说　　明
isMultipartContent(HttpServletRequest request)	boolean	静态方法，用于判断请求数据中的内容是否是 multipart/form-data 类型，是返回 true，否返回 flase
parseRequest(HttpServletRequest reqeust)	List	将请求数据中的每一个字段，单独封装成 FileItem 对象，并以集合方式返回

 提示：

ServletFileUpload 类的其他方法请参见 API 文档进行学习。

9.1.2　使用 commons-fileupload 组件实现图片上传

1．准备工作

使用 commons-fileupload 组件实现文件上传前的准备工作包括以下几个环节。

（1）获取组件：使用 commons-fileupload 组件，需要获取两个必要的 jar 包，分别是 commons-fileupload-1.2.2.jar 和 commons-io-2.4.jar。下载地址分别是 http://commons.apache.org/fileupload/download_fileupload.cgi 和 http://commons.apache.org/io/download_io.cgi。下载完毕后，可以通过相关的 API 文档查看类、接口及方法的说明。页面效果如图 9.4 所示。

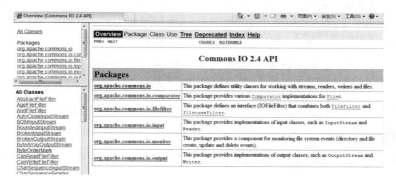

图 9.4　commons-fileupload 组件相关 API 文档

（2）将解压后得到的两个 jar 文件，复制到项目中的 WEB-INF/lib 目录下，并导入项目中。

（3）修改新闻添加页面。

➢ 修改表单：在 <form> 标签中，修改并添加如下代码：

method="post" enctype="multipart/form-data"

其中，enctype="multipart/form-data" 明确表单提交时采用二进制进行数据传输，简单地说就是表单提交时以多部分内容进行提交，可能是普通表单，也可能包含文件表单。

➢ 设置上传文件的标签：

<input type="file" name="picPath" value=""/>

（4）在表单提交的处理页面将实现文件上传所需的包导入：

<%@page import="java.io.*,java.util.*"%>
<%@page import="org.apache.commons.fileupload.disk.DiskFileItemFactory"%>
<%@page import="org.apache.commons.fileupload.servlet.ServletFileUpload"%>

2．编码实现图片上传

通过对 commons-fileupload 组件 API 的了解，我们已经知道了文件上传需要使用到的类及常用方法，同时也完成了文件上传前的准备工作，下面将开始文件上传的编码工作。

（1）判断表单提交内容形式

由于表单提交时可能是普通表单提交，也可能在提交的表单中含有需要上传的文件，因此在获取表单时要对表单内容形式进行判断。

> 📣 **注意**：
>
> 如果表单中未设置"enctype="multipart/form-data""，则无法实现文件上传，这一点在编码时要注意。

（2）创建文件上传所需的 API 实例

在讲解上传组件 API 时，分别介绍了 3 种常用的类及方法。ServletFileUpload 类用来解析 request 请求，而 FileItemFactory 工厂类会对表单中的字段进行处理。因此，需要首先创建它们的实例。

（3）解析 request 请求，获取 FileItem 对象集合

在 ServletFileUpload 实例创建好后，就可以使用其来解析 request 请求数据，获取已经被封装成 FileItem 对象的表单元素集合。

上述 3 个步骤归纳起来如示例 1 所示。

➲ 示例 1

编写代码实现表单提交内容判断，创建文件上传所需 API 实例，并完成 request 请求解析。

关键代码：

……

```
// 读取 request 请求，判断是否是多部分表单提交
boolean isMultipart = ServletFileUpload.isMultipartContent(request);
if (isMultipart == true) {
    // 创建 FileItemFactory 实例
    FileItemFactory factory = new DiskFileItemFactory();
    // 创建 ServletFileUpload 实例
    ServletFileUpload upload = new ServletFileUpload(factory);
    try {
        // 解析 request 请求中的数据
        List<FileItem> items = upload.parseRequest(request);
    }
}
```

……

（4）循环遍历集合中的数据

由于解析 request 返回的是数据字段的列表集合，因此还需要使用迭代方式进行集合的遍历。对于集合中的数据，一种类型是普通的表单元素，如文本框、下拉列表等，另一种可能是文件元素，所以还需要进行比较和判断。

● 示例 2

使用迭代器，对集合中的数据进行解析。

分析：

对于集合的解析，看似简单，但其中涉及一定的业务逻辑。体现在：

➢　通过循环对集合进行遍历。

➢　读取数据并转换成 FileItem 类型。

➢　判断数据元素是属于普通表单元素，还是文件元素。

◆　如果是普通表单元素，则通过数据元素名称对应需要保存的字段，然后进行数据的保存。

◆　如果是文件元素，则需要获取上传文件的名称，并指定保存路径，调用 write() 方法，实现文件上传。

关键代码：

……

```
// 创建迭代器，进行集合遍历
Iterator<FileItem> iter = items.iterator();
while (iter.hasNext()) {
    // 读取数据元素
    FileItem item = (FileItem) iter.next();
    // 判断元素类型，true- 普通表单元素，false- 文件元素
    if (item.isFormField()){
        // 获取普通表单元素名称
        fieldName = item.getFieldName();
        // 判断元素名称与表单元素的对应关系
```

```
                if (fieldName.equals("title")){
                    news.setTitle(item.getString("UTF-8"));
                }else if(fieldName.equals("id")){
                    String id = item.getString();
                    if (id != null && !id.equals("")){
                        news.setId(Integer.parseInt(id));
                    }
                }
                ......
            }else{
                // 读取文件元素的名称
                String fileName = item.getName();
                if (fileName != null && !fileName.equals("")) {
                    // 获取上传文件的名称，并通过名称创建一个新 File 实例
                    File fullFile = new File(item.getName());
                    // 从路径中提取文件本身名称，并构建一个新的 File 实例
                    File saveFile = new File(uploadFilePath, fullFile.getName());
                    // 写入文件，实现上传
                    item.write(saveFile);
                    uploadFileName = fullFile.getName();
                    news.setPicPath(uploadFileName);
                    bUpload = true;
                }
            }
        }
        ......
```

任务 2　使用编辑器实现新闻编辑

关键步骤如下：

➤ 获取 CKEditor。
➤ 在项目中添加 CKEditor。
➤ 使用 CKEditor 编辑新闻内容。

9.2.1　CKEditor 概述

在任务 1 中介绍了实现文件上传的第三方组件 commons-fileupload，其实在进行 Web 开发过程中，还有很多优秀的第三方组件可以使用。例如，想要在 Web 页面中对文本进行操作，并实现类似 Microsoft Office Word 操作的功能，可以使用 CKEditor。下面，就来了解 CKEditor 的相关内容。

1. CKEditor 简介

CKEditor 是由 CKSource 公司开发的一款具有强大功能的在线文本编辑工具，利

用该工具可以实现类似于 Word 的功能。CKEditor 基于 JavaScript 技术开发而成，因此在使用时无须进行客户端的安装，并且兼容目前主流的浏览器。

CKEditor 的前身是 FCKEditor，从 3.0 版本开始改称为 CKEditor。目前很多大型公司、社区都在使用 CKEditor 作为 Web 编辑的解决方式。

CKEditor 的特点如下：

- 功能强大：具备类似于 Word 的各种操作，如编写、粘贴、字体设置、制作表格等。
- 兼容性好：支持多种主流的浏览器，如 FireFox、Safari、IE6 以上版本等。
- 开源。

2．CKEditor 的配置

对于 CKEditor，可以在应用过程中进行配置，也可以采用默认的设置。CKEditor 的配置要在 config.js 文件中进行。

```
CKEDITOR.editorConfig = function( config )
{
    config.language = 'zh-cn';          // 配置语言，zh-cn 代表中文
    config.uiColor = '#AADC6E';         // 背景颜色
    config.width = 'auto';              // 宽度
    config.height = '300px';            // 高度
    config.skin = 'office2003';         // 皮肤：v2,kama,office2003
};
```

3．CKEditor 的目录

CKEditor 有几个文件夹，主要如下：

- lang 文件夹存放多国语言文件。
- _samples 文件夹存放官方提供的 Demo。
- skins 文件夹存放 CKEditor 皮肤。

9.2.2　CKEditor 的使用

通过官网下载得到 CKEditor 后，就可以将其添加到项目中，使用 CKEditor 包括以下 5 个步骤。

1）获取 CKEditor。要想使用 CKEditor，可以从 CKSource 公司的官方网站（http://ckeditor. com/download）进行获取。

2）添加 CKEditor 到项目中。

3）在页面中引入 CKEditor。在页面中添加如下代码：

```
<script type="text/javascript" src="<%=request.getContextPath() %>/ckeditor/ ckeditor.js"> </script>
```

4）修改页面中 <textarea> 标签属性，添加"class="ckeditor""。

5）对新闻进行编辑。

任务 3　新闻信息的分页查询

关键步骤如下：
➤　　正确编写分页查询 SQL。
➤　　存储过程实现分页查询。
➤　　在程序中调用存储过程。

9.3.1　分页的应用

1．生活中的分页

在进行网页浏览时，很多情况下都可以看到分页显示的应用，如网上购物时的商品展示；电子邮箱查看时的电子邮件列表，如图 9.5 所示。

图 9.5　生活中的分页应用

使用分页最大的优势在于：
➤　　数据清晰直观
➤　　页面不再冗长
➤　　不受数据量的限制
➤　　降低数据库服务器查询压力

2．数据分页查询

分页如何实现呢？其实，在实际应用过程中，分页的实现可以划分为两个部分，首先是数据分页查询，其次才是数据分页显示。数据分页查询的实现步骤如下：
（1）确定每页显示的数据数量。
（2）确定需要显示的数据总数量。

● 示例 3

查询新闻信息系统中新闻的总记录数。

关键代码：

……
```
// 编写查询新闻总数量的 SQL 语句
String sql="select count(*) from news_detail";
// 通过 JDBC 进行 SQL 语句执行
Object[] params={};
ResultSet rs=this.executeSQL(sql, params);
……
// 获取总记录数
totalCount=rs.getInt(1);
```
……

（3）计算显示的页数。

● 示例 4

根据新闻信息系统新闻总记录数，计算所需的总页数。

关键代码：

……
```
// 总页数
private int totalPageCount=1;
// 页面大小，即每页显示记录数
private int pageSize=0;
// 记录总数
private int recordCount=0;
……
// 设置总页数
private void setTotalPageCountByRs(){
  if(this.recordCount%this.pageSize==0)
    this.totalPageCount=this.recordCount/this.pageSize;
  else if(this.recordCount%this.pageSize>0)
    this.totalPageCount=this.recordCount/this.pageSize+1;
  else
    this.totalPageCount=0;
}
```
……

（4）编写分页查询 SQL 语句。

```
// 占位符位置分别为：(pageNo - 1) * pageSize 和 pageSize
String sql="SELECT id,title,author,createDate FROM news_detail ORDER BY createDate DESC LIMIT ?,?";
```

（5）实现分页查询。

● 示例 5

编码实现新闻信息的分页查询。

关键代码：

……
```
List<News> newsList=new ArrayList<News>();
```

```
// 编写分页查询 SQL 语句
String sql="......";
Page page=new Page();
page.setCurrPageNo(pageNo);// 设置当前页码
page.setPageSize(pageSize);// 每页显示记录数
// 执行分页查询
```
......

至此，分页查询的要求就基本完成。

3．分页查询小结

实现数据分页查询过程中的几个关键点。

（1）计算总页数。

➤ 如果总记录数能够被每页显示记录数整除，那么：

$$总页数 = 总记录数 / 每页显示记录数$$

➤ 如果总记录数不能够被每页显示记录数整除，那么：

$$总页数 = 总记录数 / 每页显示记录数 +1$$

（2）计算分页查询时的起始记录数。

$$起始记录数 = (当前页码 -1) \times 每页显示的记录数 +1$$

9.3.2 使用存储过程实现分页查询

实现分页查询，有时可能会将数据分页查询的 SQL 语句编写成存储过程，这样就需要在程序中对存储过程进行调用。这就涉及 CallableStatement 接口的使用。

1．CallableStatement 接口概述

CallableStatement 接口继承自 PreparedStatement 接口。使用 CallableStatement 接口可以实现对存储过程的调用，而 CallableStatement 接口的常用方法如表 9-3 所示。

表 9-3　CallableStatement 接口的常用方法

方　　法	返回类型	说　　明
execute()	boolean	执行 SQL 语句，如果第一个结果是 ResultSet 对象，则返回 true；如果第一个结果是更新计数或者没有结果，则返回 false
registerOutParameter(int parameterIndex, int sqlType)	void	按顺序位置 parameterIndex 将 OUT 参数注册为 JDBC 类型 sqlType，sqlType 为 Types 类中的常量
getType(int parameterIndex)	Type	根据参数的序号获取指定的 JDBC 参数的值

CallableStatement 接口调用存储过程的语法：

```
{call <procedure-name>[(<arg1>,<arg2>, …)]}
```

- procedure-name：存储过程名称。
- arg：参数，多个参数之间以逗号分隔。

2. CallableStatement 的应用

使用 CallableStatement 调用存储过程的步骤如下：

1）修改程序执行的 SQL 语句。

2）执行存储过程。

3）对参数的类型进行设置。

任务4　新闻信息的分页显示

关键步骤如下：

- 确定当前页。
- 确定上页和下页。
- 确定首页和末页。

9.4.1　JSP 中的分页显示

1. 分页显示的实现关键点

在 JSP 中实现分页显示，首先需要明确几个关键点：

- 当前页的确定。
- 上一页与下一页设置。
- 首页与末页的设置。
- 分页时的异常处理。

2. 分页显示的实现步骤

实现数据分页显示，需要执行以下几个步骤。

（1）确定当前页。需要设置一个 pageIndex 变量来表示当前页的页码，如果这个变量不存在，则默认当前页为第 1 页，否则当前页为 pageIndex 变量的值。

● 示例6

获取当前页面的页码。

关键代码：

……

```
<%
// 获得当前页数
String currentPage = request.getParameter("pageIndex");
if(currentPage == null){
```

```
            currentPage = "1";
        }
        int pageIndex = Integer.parseInt(currentPage);
%>
......
```

（2）页面的分页设置。有了当前页，就可以通过当前页页码来确定首页、上一页和下一页以及末页的页码。注意在设置分页时，需要将对应的页码作为 pageIndex 的值进行传递，以便刷新页面后获取到新的数据。

➲ 示例 7

获取页面上的分页设置。

关键代码：

```
......
    <a href="newsDetailList.jsp?pageIndex=1"> 首页 </a> 
    <a href="newsDetailList.jsp?pageIndex=<%= pageIndex -1%>"> 上一页 </a>
    <a href="newsDetailList.jsp?pageIndex=<%= pageIndex +1%>"> 下一页 </a>
    <a href="newsDetailList list.jsp?pageIndex=<%=totalpage%>"> 末页 </a>
......
```

> 🔍 提示：
>
> 总页数以变量 totalpage 来表示，可以通过调用任务 3 中已经完成的获取总页数的方法获得。

（3）首页与末页的异常处理。如果当前页已经是第一页或者是最后一页，那么当用户单击"上一页"或"下一页"操作时，页面该如何显示？很明显，当前页的页码不能小于 1，而下一页的页码也不能大于最末页，所以还要对可能出现的异常进行处理。

➲ 示例 8

对首页和末页的异常处理。

关键代码：

```
......
<%
    // 如果当前页码小于 1，则设置为首页
    if(pageIndex<1){
        pageIndex=1;
        }else if(pageIndex>totalPage){
        // 如果当前页大于总页数，则设置为末页
        pageIndex=totalPage;
    }
%>
......
```

9.4.2　升级分页显示

在日常生活中，分页的显示有多种形式，每种分页显示都有其各自的特点。下面我们就对已经完成的新闻信息分页显示功能进行升级，实现通过 GO 按钮达到分页显示的目的。

使用 GO 按钮实现分页显示，简单地说，就是通过直接输入数字实现分页显示的功能，这需要借助 JavaScript 脚本来协助完成。具体的实现思路如下：

➤　使用文本框输入需要显示的页码。

➤　在 JavaScript 中获取页面用户输入的页码。

➤　使用隐藏域保存页码。

使用按钮提交表单后，为了实现 POST 方式提交，可使用隐藏域进行页码保存。隐藏域是表单元素之一，使用该元素可以保存数据，但又不会在页面中显示。

➤　使用 JavaScript 脚本提交表单。

➤　修改页面分页设置，调用 JavaScript 脚本方式实现页面跳转。

使用 GO 按钮实现新闻分页查询的过程非常简单，这里不再进行详细描述。

 **本章总结**

本章学习了以下知识点：

➤　第三方组件是由非软件开发商制作，由第三方组织或个人开发而成的一套功能软件。

◆　commons-fileupload 组件。

◆　CKEditor 组件。

➤　使用分页最大的优势在于：

◆　数据清晰直观。

◆　页面不再冗长。

◆　不受数据量的限制。

➤　分页查询的实现步骤

◆　确定每页显示的记录数。

◆　查询总记录数，并计算总页数。

◆　编写分页查询 SQL 语句。

◆　实现分页查询。

➤　计算分页的总页数：

◆　如果总记录数能够被每页显示记录数整除，总页数 = 总记录数 / 每页显示记录数。

◆　如果总记录数不能够被每页显示记录数整除，总页数 = 总记录数 / 每页显示记录数 +1。

➢　计算分页查询时的起始记录数：

◆　起始记录数 = (当前页码 -1) × 每页显示的记录数 + 1。

➢　CallableStatement 接口继承自 PreparedStatement 接口。使用 CallableStatement 接口可以实现对存储过程的调用。

➢　使用隐藏域可以在页面中保存数据，但不会在页面中显示。

本章练习

1．请简述分页查询的实现步骤。

2．编写一个 Web 应用程序，显示个人的档案信息，要求在输入个人信息时能够实现图片上传。

3．在作业 2 基础上，在输入个人信息时，添加 CKEditor 实现信息内容的可视化编辑。

4．模拟个人通讯录，在数据库中创建联系人表，字段不限。编写代码实现从数据库中读取联系人，以分页方式显示。

说明：作业 2、3、4 对显示格式不做明确要求，重点要求实现功能。

第10章

EL 和 JSTL

本章任务

学习本章，完成 2 个工作任务。记录学习过程中遇到的问题，可以通过自己的努力或访问 kgc.cn 解决。

任务 1：使用 EL 表达式优化新闻显示

使用 EL 表达式优化新闻显示。效果如图 10.1 所示。

图 10.1　EL 优化新闻显示

任务 2：使用 JSTL 显示新闻列表

使用 JSTL 标签优化新闻列表的显示。效果如图 10.2 所示。

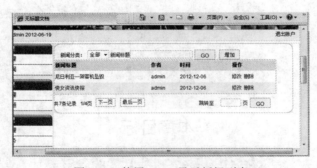

图 10.2　使用 JSTL 显示新闻列表

任务 1　使用 EL 表达式优化新闻显示

关键步骤如下：

➤　将数据保存在作用域中。

➤　使用 EL 表达式访问数据。

10.1.1　EL 表达式概述

1. JSP 脚本的缺点

使用 JSP 脚本可以实现页面输出显示，那为什么还需要使用 EL 简化输出呢？这是因为单纯使用 JSP 脚本与 HTML 标签混合，实现输出显示的方式存在一些弊端，归纳如下：

➢　代码结构混乱，可读性差。

➢　脚本与 HTML 标签混合，容易导致错误。

➢　代码不易维护。

基于以上原因，可以使用 EL 对 JSP 输出进行优化。下面就来介绍 EL 表达式。

2. EL 表达式

（1）EL 表达式

EL 是 Expression Language 的缩写，它是一种借鉴了 JavaScript 和 Xpath 的表达式语言。EL 定义了一系列的隐含对象和操作符，使开发人员能够很方便地访问页面内容，以及不同作用域内的对象，而无须在 JSP 中嵌入 Java 代码，从而使得页面结构更加清晰，代码可读性更高，也更加便于维护。

（2）EL 表达式的语法

EL 表达式不区分字母的大小写，并且语法非常简单。EL 表达式的语法：

${EL 表达式 }

语法结构中包含"$"符号和"{}"括号，二者缺一不可。

使用 EL 表达式也非常简单，如 ${username} 就可以实现访问变量 username 的值。

> **注意：**
> 使用 EL 表达式获取变量前，必须将操作的对象保存到作用域中。

此外，使用 EL 表达式还可以访问对象的属性，这就需要使用"."操作符和"[]"操作符来完成。

➢　"."操作符。

EL 表达式通常由两部分组成：对象和属性。因此采用与 Java 代码一样的方式，用"."操作符来访问对象的属性。

例如，${news.title} 可以访问 news 对象的 title 属性。

➢　"[]"操作符。

"[]"操作符的使用方法与"."操作符类似，不仅可以用来访问对象的属性，还可以用于访问数组和集合。例如：

➢　访问对象的属性：${news["title"]} 可以访问 news 对象的 title 属性。

➢　访问数组：newsList[0] 可以访问 newsList 数组中的第一个元素。

○ 示例 1

使用 EL 表达式访问变量、含有特殊字符的变量、集合。

关键代码：

......

```
<%
    String username = "admin";
    // 将变量添加到作用域中
    request.setAttribute("username", username);
    request.setAttribute("student.name", " 张三 ");
    ArrayList list = new ArrayList();
    list.add(" 北京洪水 ");
    list.add(" 热火夺冠 ");
    // 将集合添加到作用域中
    request.setAttribute("list", list);
%>
// 访问变量
${username } <br>
// 含有特殊字符的变量
${requestScope["student.name"] }<br>
// 访问集合
${list[1] }<br>
```

......

运行效果如图 10.3 所示。

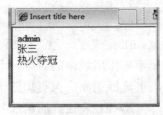

图 10.3　使用 EL 表达式输出

💡 提示：

① 使用 "[]" 操作符访问数据时，必须在属性名两侧使用双引号。

② EL 表达式区分大小写。

③ 在使用 EL 表达式获取变量前，必须先将对象保存到作用域中。

3. EL 运算符

EL 表达式支持多种运算符，这些运算符的使用方法与 Java 非常类似。另外，在 EL 表达式中，为了避免一些运算符在使用时与 HTML 页面标签发生冲突，会采用其他符号进行替代。

4. EL 的功能

对于 EL 的特点和作用，总结归纳如下：

➢　可用于获取 JavaBean 的属性。

➢　能够读取集合类型对象中的元素。

➢　使用运算符进行数据处理。

➢　屏蔽一些常见异常。

➢　自动实现类型转换。

⊃ 示例 2

使用 EL 表达式优化新闻显示。

实现步骤：

根据所学的 EL 表达式相关知识，实现新闻显示优化需要经过以下几个步骤：

1）在 JSP 中获取新闻信息对应的新闻编号。

2）根据新闻编号查询新闻信息。

3）将返回的新闻信息对象添加到作用域中。

4）使用 EL 表达式实现数据访问。

关键代码：

```
<%
    // 获取需要查询的新闻编号
    String id = request.getParameter("id");
    // 根据新闻编号查询，返回新闻信息对象
    News news = newsService.getNewsById(Integer.parseInt(id));
    // 将新闻对象添加到作用域中
    request.setAttribute("news", news);
%>
    ……
    // 使用 EL 表达式访问新闻数据
    <h1>${news["title"] }</h1>
```

运行效果如图 10.1 所示。

在使用 EL 表达式时，要求将对象添加到作用域中，下面就来学习如何使用 EL 表达式访问作用域。

10.1.2　使用 EL 访问作用域

JSP 提供了 4 种作用域，分别是 page、request、session 和 application。为了能够访问这 4 个作用域内的数据，EL 表达式也分别提供了 4 种作用域访问对象来实现数据的读取。这 4 个作用域访问对象的比较如表 10-1 所示。

表 10-1　作用域访问对象的比较

名　　称	说　　明
pageScope	与页面作用域（page）中的属性相关联的 Map 类，主要用于获取页面范围内的属性值
requestScope	与请求作用域（request）中的属性相关联的 Map 类，主要用于获取请求范围内的属性值
sessionScope	与会话作用域（session）中的属性相关联的 Map 类，主要用于获取会话范围内的属性值
applicationScope	与应用程序作用域（application）中的属性相关联的 Map 类，主要用于获取应用程序范围内的属性值

当使用 EL 表达式访问某个属性值时，应当指定查找的范围。如果程序中未指定查找的范围，那么系统会自动按照 page → request → session → application 的顺序进行查找。

使用作用域访问对象读取属性值非常简单，只需要使用"作用域名称 ."方式即可实现。例如，在示例 2 基础上，使用作用域访问对象读取新闻标题的代码如下：

```
<h1>${requestScope.news["title"] }</h1>
```

任务 2   使用 JSTL 显示新闻列表

关键步骤如下：

➢   在项目中添加 JSTL 所需 jar 包。

➢   使用 JSTL 升级分页显示。

10.2.1   JSTL

使用 EL 表达式已经实现了页面输出显示的优化，为什么还需要使用 JSTL 呢？这是因为使用 EL 表达式无法实现逻辑处理，如循环、条件判断等，因此还需要与 Java 代码混合使用，而 JSTL 则可以实现逻辑控制，从而进一步优化代码。

1. JSTL 简介

JSTL（Java Page Standard Tag Library，JSP 标准标签库）包含了在开发 JSP 时经常用到的一系列标准标签。这些标签提供了一种不用嵌套 Java 代码就可以实现复杂 JSP 开发的途径。

JSTL 按照不同的用途又可以划分为多个分类，如表 10-2 所示。

表 10-2   JSTL 的分类

标 签 库	资源标识符（url）	前缀（prefix）
核心标签库	http://java.sun.com/jsp/jstl/core	c
国际化 / 格式化标签库	http://java.sun.com/jsp/jstl/fmt	fmt
XML 标签库	http://java.sun.com/jsp/jstl/xml	x
数据库标签库	http://java.sun.com/jsp/jstl/sql	sql
函数标签库	http://java.sun.com/jsp/jstl/functions	sn

要想在 JSP 中使用 JSTL，必须完成以下几项准备工作。

1）下载 JSTL 所需的 jstl.jar 和 standard.jar 文件。

2）将两个 jar 文件复制到 WEB-INF\lib 目录下，并添加到项目中。

3）在 JSP 中添加标签指令，指令代码如下（注：前缀可修改）：

```
<%@ taglib url="http://java.sun.com/jsp/jstl/core" prefix="c" %>
```
完成以上 3 个步骤，就可以在 JSP 中使用 JSTL 了。

2．使用 <c:out> 标签输出显示

（1）<c:out> 标签简介

<c:out> 标签用来显示数据，类似于 JSP 中的 <%= %> 输出方式，但是功能更强大，体现在以下几点：

> 可以对数据进行转义输出。在输出时可以对数据内容中的 HTML 标记进行转义，如在数据中包含 <a></a> 的字符内容，若不经转义将被解析为超链接，而转义后则被视为文本。

> 可以在输出时设定默认值。在输出时，设定默认的输出显示，一旦读取的数据内容为空时，则使用默认值输出，以便有更好的用户展示效果。

（2）<c:out> 标签语法

<c:out> 标签的语法：

```
<c:out value= "value " default= " default" escapeXml= " true|false" />
```

> value：需要输出显示的表达式。

> default：默认输出显示的值，如果 value 的值为 null，则输出 default 的值。

> escapeXml：是否对输出的内容进行转义。

🔍 **提示：**

使用 <c:out> 标签输出显示前，需要将数据放到作用域内。

➲ 示例3

使用 <c:out> 输出新闻标题。

关键代码：

```
// 添加核心标签库，其中 <c:forEach> 为迭代标签，迭代输出各条新闻信息。在本章后面有讲解
<%@ taglib uri="http://java.sun.com/jsp/jstl/core" prefix="c" %>
......
<%
    List<News> newsList=newsService.getPageNewsList(pageIndex, pageSize);
    request.setAttribute("list", newsList);
%>
<c:forEach var="news" items="${list }" varStatus="status">
    ......
    <a href='newsDetailView.jsp?id=${news.id }'><c:out value="${news.title}" escapeXml="true"
/></a>
```

（3）<c:set> 标签与 <c:remove> 标签

使用 <c:out> 标签可以实现对属性的读取，同样在 JSTL 中还可以使用 <c:set> 标签和 <c:remove> 标签对属性进行设置和清除。

<c:set> 标签的作用是对作用域内容的变量或者 JavaBean 对象属性进行设置。

<c:set> 标签设置变量的语法：

<c:set value= "value " var="name" scope="scope" />

➤ value：变量的值。

➤ var：变量的名称。

➤ scope：变量存在的作用域范围，page、request、session、application 中的一个。

<c:set> 标签设置对象属性的语法：

<c:set value= "value " target="target" property="propertynName" />

➤ value：属性的值。

➤ target：对象的名称。

➤ property：对象的属性名称。

<c:remove> 标签的作用与 <c:set> 标签的作用正好相反，它用于移除作用域范围内的变量。<c:remove> 标签的语法：

<c:remove var="name" scope="scope" />

➤ var：变量的名称。

➤ scope：变量存在的作用域范围，page、request、session、application 中的一个。

> **提示：**
>
> <c:set> 标签与 <c:remove> 标签中的 var 属性与 scope 属性不能接受动态的值。

10.2.2 迭代标签与条件标签

迭代标签 <c:foreach/> 与条件标签 <c:if/> 都属于 JSTL 中核心（Core）标签库的内容，它们的作用是实现对集合的遍历以及对条件的判断。

1．<c:foreach/> 迭代标签

在 JSP 脚本中混合使用 for 循环与 HTML 标签可以实现新闻列表的显示，功能虽然实现了，但是页面代码很乱，结构也不清晰。JSTL 提供了 <c:foreach/> 迭代标签，该标签可以替换 for 循环语句，从而简化了页面中的代码，使结构更清晰，代码可读性更高。<c:foreach/> 迭代标签的语法：

<c:foreach var="varName" items="items" varStatus="varStatus">…</c:foreach>

➤ var：集合中元素的名称。

➤ items：集合对象。

➤ varStatus：当前循环的状态信息，如循环的索引号。

⊃ 示例 4

使用迭代标签优化新闻列表显示。

关键代码：

```
// 添加核心标签库
<%@ taglib uri="http://java.sun.com/jsp/jstl/core" prefix="c" %>
```

......
```
<%
    // 每页显示的新闻列表
    List<News> newsList=newsService.getPageNewsList(pageIndex, pageSize);
    request.setAttribute("list", newsList);
%>
<c:forEach var="news" items="${list }" varStatus="status">
    <tr class="admin-list-td-h2">
        <td>
            a href='newsDetailView.jsp?id=${news.id }'><c:out value="${news.title }"
            escapeXml="true" /></a>
        </td>
        <td><c:out value="${news.author }" default=" 无 " /></td>
        <td>${news.createDate }</td>
        <td>
            <a href='adminNewsCreate.jsp?id=2'> 修改 </a>
            <a href="javascript:if(confirm(' 确认是否删除此新闻？ ')) location=
                'adminNewsDel.jsp?id=2'"> 删除 </a>
        </td>
    </tr>
</c:forEach>
```

2．<c:if/> 条件标签

<c:if/> 条件标签也属于核心标签库中的内容，它可以替代 Java 中的 if 语句。
<c:if/> 条件标签的语法：

```
<c:if test="condition" var="varName" scope="scope">…</c:if>
```

➢ test：判断的条件。
➢ var：判断的结果。
➢ scope：判断结果存放的作用域。

➲ 示例5

使用条件标签实现新闻列表隔行变色。

关键代码：

```
// 添加核心标签库
<%@ taglib uri="http://java.sun.com/jsp/jstl/core" prefix="c" %>
......
<%
    // 每页显示的新闻列表
    List<News> newsList=newsService.getPageNewsList(pageIndex, pageSize);
    request.setAttribute("list", newsList);
%>
<c:forEach var="news" items="${list }" varStatus="status">
    <tr <c:if test="${status.count%2==0 }">class="admin-list-td-h2"</c:if>>
        ......
    </tr>
</c:forEach>
```

虽然使用 JSTL 显示新闻列表已经基本完成，但是在列表中还需要完成一些超链接的设置，如修改、删除，下面就继续学习如何使用 JSTL 标签构造一个 URL。

10.2.3　使用 JSTL 构造 URL

超链接是 Web 应用中最常用的功能，在 JSTL 中也提供了相应的标签来完成超链接的功能，这些标签包括 <c:url/> 标签、<c:param/> 标签和 <c:import/> 标签。

1. <c:url/> 标签

<c:url/> 标签的作用是根据 URL 规则创建一个 URL。<c:url/> 标签的语法：

```
<c:url value="value" />
```

value：需要构造的 URL，可以是相对路径，也可以是绝对路径。

2. <c:param/> 标签

在 Web 应用中，超链接在实现页面跳转的同时，还需要进行数据的传递，JSTL 同样提供了相应的标签来支持超链接的参数设置，这个标签就是 <c:param/> 标签。

<c:param/> 标签的作用就是为 URL 附加参数。<c:param/> 标签的语法：

```
<c:param name="name" value="value" />
```

➢　name：参数的名称。
➢　value：参数的值。

⇨ 示例 6

设置新闻列表中每条新闻的"修改"超链接。
关键代码：

```
// 添加核心标签库
<%@ taglib uri="http://java.sun.com/jsp/jstl/core" prefix="c" %>
……
<td>
  <a href='
    <c:url value="newsDetailView.jsp">
      <c:param name="id" value="${news.id }"></c:param>
    </c:url>
  '> 修改 </a>
  <a href="javascript:if(confirm(' 确认是否删除此新闻？ ')) location='adminNewsDel. jsp?id=2'">
删除 </a>
</td>
```

3. <c:import/> 标签

<c:import/> 标签的作用就是在页面中导入一个基于 URL 的资源，这个标签的作用与 <jsp:include> 动作元素类似。区别在于使用 <c:import/> 标签不仅可以导入同一个 Web 应用程序下的资源，还可以导入不同 Web 应用程序下的资源。<c:import/> 标签的语法：

```
<c:import url="URL" />
```
url：导入资源的 URL 路径。

10.2.4 使用 JSTL 格式化日期显示

1．<fmt:format/> 标签

在之前的学习中，关于日期格式化显示的问题可以通过 Java 中的 SimpleDate-Format 来实现。在 JSTL 中可以使用格式化标签 <fmt:format/> 来完成。<fmt:format/> 标签的语法：

```
<fmt:formatDate value="date" pattern="yyyy-MM-dd HH:mm:ss"/>
```
➤   value：时间对象。
➤   pattern：显示格式。

→ 示例 7

使用格式化标签显示新闻发布时间。
关键代码：
```
// 添加格式化标签库
<%@ taglib uri="http://java.sun.com/jsp/jstl/fmt" prefix="fmt" %>
……
    <td><fmt:formatDate value="${news.createDate }" pattern="yyyy-MM-dd"/></td>
<a href='
    <c:url value="newsDetailView.jsp">
        <c:param name="id" value="${news.id }"></c:param>
    </c:url>
 '> 修改 </a>
……
```
运行效果如图 10.4 所示。

图 10.4 格式化时间显示

2．标签总结

到此，我们已经学习了常用的几种 JSTL 标签，如表 10-3 所示。

表 10-3　常用 JSTL 标签汇总

标　签	说　明
<c:out />	输出文本内容到 out 对象，常用于显示特殊字符，显示默认值
<c:set/>	在作用域中设置变量或对象属性的值
<c:remove/>	在作用域中移除变量的值
<c:if/>	实现条件判断结构
<c:forEach/>	实现循环结构
<c:url/>	构造 URL 地址
<c:param/>	在 URL 后附加参数
<c:import/>	在页面中嵌入另一个资源内容
<fmt:formatDate/>	格式化时间
<fmt:formatNumber/>	格式化数字

10.2.5　升级分页显示功能

到目前为止，我们已经学习了如何使用 EL 表达式以及 JSTL 标签来优化页面的显示。在新闻信息系统的多个页面中都需要分页显示，所以对于分页部分也可以使用 EL 表达式和 JSTL 标签来进行优化。

升级分页显示功能的实现思路包括以下几个步骤。

1）将页面中实现分页的代码单独保存成一个文件，如 rollPage.jsp。

2）在文件中添加 taglib 指令，并添加脚本。

3）使用 <c:import/> 标签在页面中导入 rollPage.jsp，并实现参数传递。

4）修改 rollPage.jsp 的代码，接受参数。

本章总结

本章学习了以下知识点：

➢　EL 表达式的语法有两个要素：$ 和 {}，二者缺一不可。

➢　EL 表达式可以使用 "." 或者 "[]" 操作符，实现对变量或者对象属性的访问。

➢　在使用 EL 表达式获取变量前，必须将数据保存到作用域中。

➢　JSTL 标签支持对业务逻辑的控制，包括：

◆　条件标签：<c:if/>。

◆　迭代标签：<c:foreach/>。

➢　使用 JSTL 标签，需要添加两个 jar 文件，分别是 jstl.jar 和 standard.jar。

➢　在 JSP 中，必须引入 taglib 指令才能使用 JSTL 标签。

> EL 表达式与 JSTL 标签结合使用，可以极大地减少 JSP 中嵌入的 Java 代码，简化了代码，有利于程序的维护和扩展。

本章练习

1. 请描述 EL 的访问作用域有哪些，以及默认的访问顺序。

2. 请至少列举出本章讲解的 4 个 JSTL 标签，并分别介绍其使用方法。

3. 模拟个人通讯录，在数据库中创建联系人表，字段不限。编写代码实现从数据库中读取联系人，使用 EL 和 JSTL 标签实现联系人列表显示。

说明：本题对显示格式不做明确要求，重点实现功能。

随手笔记

第11章

Servlet、过滤器和监听器

本章任务

学习本章，完成 3 个工作任务。记录学习过程中遇到的问题，可以通过自己的努力或访问 kgc.cn 解决。

任务 1：使用 Servlet 实现新闻增加

使用 Servlet 控制业务，实现新闻添加功能。效果展示如图 11.1 所示。

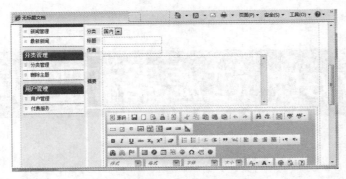

图 11.1　使用 Servlet 实现新闻增加

任务 2：使用过滤器解决乱码显示

在项目中添加过滤器，使用过滤器解决乱码显示。

任务 3：使用监听器统计在线人数

通过监听器统计网站的在线人数。效果如图 11.2 所示。

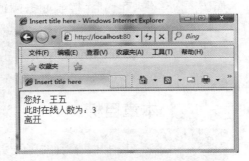

图 11.2　使用监听器统计在线人数

任务 1　使用 Servlet 实现新闻增加

关键步骤如下：

➤　创建 Servlet 并进行配置。

> ➢ 使用 Servlet 实现业务处理。
> ➢ 使用 Servlet 控制页面跳转。

11.1.1　Servlet 概述

在 JSP 技术出现之前，如果要动态生成 Web 页面，需要使用 Servlet 来实现。Servlet 技术如何生成 Web 页面？如何控制 Web 程序执行？这是本节将要介绍的内容。首先，需要了解什么是 Servlet。

1. 初识 Servlet

Servlet 是一种独立于平台和协议的服务器端 Java 应用程序，通过 Servlet 可以生成动态的 Web 页面。同时，使用 Servlet 还可以在服务器端对客户端的请求进行处理，控制程序的执行。

Servlet 的主要作用就是交互式地浏览和更新数据，并生成动态的页面内容展示，其处理 Web 请求的过程如图 11.3 所示。

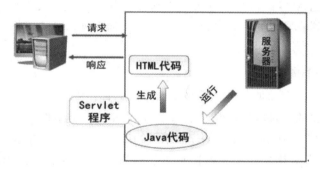

图 11.3　Servlet 处理 Web 请求

Servlet 处理 Web 请求的过程，主要包括：
> ➢ 服务器接收从客户端发送的请求。
> ➢ 服务器将请求信息发送至 Servlet。
> ➢ Servlet 经过处理后，生成响应的内容。
> ➢ 服务器将响应的内容返回客户端。

JSP 与 Servlet 都可以实现动态页面显示，二者之间有什么关系？在之前学习 JSP 的过程中，曾经介绍过 JSP 在被 Web 容器解析的时候，最终会编译成一个 Servlet 类，这就是二者之间的关系。

2. Servlet API

Servlet 其实是两个单词的合成：server 以及 applet，所以它是一种服务器端的 Java 应用程序。但并不是所有服务器端的 Java 应用程序都是 Servlet，只有当服务器端使用 Servlet API 时，才能算是一个 Servlet。

Servlet API 又称为 Java Servlet 应用程序接口，包含了很多 Servlet 中重要的接口和类，如表 11-1 所示。

表 11-1　Servlet API

名称	说明	所在包
Servlet 接口	Java Servlet 的基础接口，定义了 Servlet 必须实现的方法	javax.servlet
GenericServlet 类	继承自 Servlet 接口，属于通用的、不依赖于协议的 Servlet	javax.servlet
HttpServlet 类	继承自 GenericServlet 类，是在其基础上扩展了 HTTP 协议的 Servlet	javax.servlet.http
HttpServletRequest 接口	继承自 ServletRequest 接口，用于获取请求数据的读取	javax.servlet.http
HttpServletResponse 接口	继承自 ServletResponse 接口，用于返回响应数据	javax.servlet.http

> 注意：
>
> Servlet API 中不仅仅包含以上列表所示的接口和类，还有很多接口、类和方法，需要大家在练习和工作中去不断积累、查阅帮助文档才能逐步了解和掌握。

3．Servlet 生命周期

在了解 Servlet 生命周期之前，先来了解一个名词：Servlet 容器。Servlet 容器是用来装载 Servlet 对象的一种容器，是负责管理 Servlet 的一类组件。

Servlet 生命周期是指 Servlet 从创建到销毁的过程，这个过程中包括以下几个环节。

（1）加载和实例化。Servlet 容器负责加载和实例化 Servlet，当客户端发送一个请求时，Servlet 容器会查找内存中是否存在该 Servlet 的实例，如果不存在，就创建一个 Servlet 实例；如果存在，就直接从内存中取出该实例来响应请求。

> 注意：
>
> Servlet 容器根据 Servlet 类的位置加载 Servlet 类，加载成功后，由容器创建 Servlet 实例。

（2）初始化。在 Servlet 容器完成 Servlet 实例化后，Servlet 容器将调用 Servlet 的 init() 方法进行初始化。初始化的目的是让 Servlet 对象在处理客户端请求前完成一些初始化工作，如设置数据库连接参数、建立 JDBC 连接，或者建立对其他资源的引用。init() 方法在 javax.servlet.Servlet 接口中定义。

> 注意：
>
> 对于每一个 Servlet 实例，init() 方法只被调用一次。

（3）提供服务，请求处理。Servlet 初始化以后，就处于能响应请求的就绪状态。当 Servlet 容器接收到客户端请求时，调用 Servlet 的 service() 方法处理客户端请求。Servlet 实例通过 ServletRequest 对象获得客户端的请求，通过调用 ServletResponse 对象的方法设置响应信息。

（4）销毁。Servlet 的实例是由 Servlet 容器创建的，所以实例的销毁也是由容器来完成的。Servlet 容器判断一个 Servlet 是否应当被释放时（容器关闭或需要回收资源），容器就会调用 Servlet 的 destroy() 方法。destroy() 方法指明哪些资源可以被系统回收，而不是由 destroy() 方法直接进行回收。

Servlet 的生命周期过程和相应的方法如图 11.4 所示。

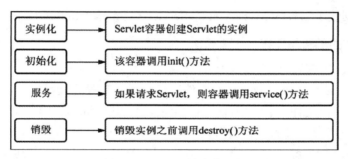

图 11.4　Servlet 的生命周期

11.1.2　Servlet 的应用

了解了 Servlet 的基本概念以及 Servlet 生命周期后，下面就要开始使用 Servlet 了。

1. 创建 Servlet

要想使用 Servlet 就必须先创建 Servlet，创建 Servlet 有 3 种方式：

➢ 　实现 Servlet 接口。

➢ 　继承 GenericServlet 类。

➢ 　继承 HttpServlet 类。

下面就通过 Servlet 生命周期来完成第一个 Servlet 的编写。

⊃ 示例 1

创建 Servlet。

分析：显示 Servlet 的生命周期，分别将 Servlet 生命周期中相应的方法予以实现，然后通过浏览器进行访问。

关键代码：

```
public class MyServlet extends HttpServlet {
    protected void doGet(HttpServletRequest req, HttpServletResponse resp)
        throws ServletException, IOException {
    System.out.println(" 调用 doGet 方法 ");
```

```
    }
    protected void doPost(HttpServletRequest req, HttpServletResponse resp)
            throws ServletException, IOException {
        System.out.println(" 调用 doPost 方法 ");
    }
    public void destroy() {
        System.out.println("Servlet 被销毁 ");
    }
    public void init(ServletConfig config) throws ServletException {
        System.out.println("Servlet 初始化 ");
    }
}
```

示例 1 中创建了名称为 MyServlet 的 Servlet，它继承 HttpServlet 类。

2. Servlet 的部署与运行

（1）Servlet 的部署

部署 Servlet 时，需要对 web.xml 文件进行配置，配置的过程如下。

1）在 web.xml 文件中添加 <servlet> 元素，作用是将 Servlet 内部名映射到一个 Servlet 类名，格式为 "包名 + 类名"。

2）添加 <servlet-mapping> 元素，作用是将用户访问的 URL 映射到 Servlet 内部名。

⊃ 示例 2

将示例 1 中已经创建好的 Servlet，在 web.xml 文件中进行配置。

分析：配置 Servlet 主要包括两个部分，一个是添加 Servlet 类，另一个是配置 Servlet 类对应的映射。

关键代码：

```
<servlet>
    <servlet-name>myServlet</servlet-name>
    <servlet-class>demo.web.servlet.MyServlet</servlet-class>
</servlet>
<servlet-mapping>
    <servlet-name>myServlet</servlet-name>
    <url-pattern>/myServlet</url-pattern>
</servlet-mapping>
```

📢 注意：

　　<servlet-mapping> 与 <servlet> 中的 <servlet-name> 必须保持一致。

在配置了 Servlet 与 URL 的映射后，当 Servlet 容器收到一个请求时，首先确定哪个 Web 应用程序响应该请求，然后对请求的路径和 Servlet 映射的路径进行匹配。web.xml 中常用的 <url-pattern> 设置方法有以下 3 种形式：

➤　　<url-pattern>/xxx</url-pattern>。精确匹配，例如：

　　　　　　　<url-pattern>/helloServlet</url-pattern>

➢　　<url-pattern>/xxx/*</url-pattern>。路径匹配，如果没有精确匹配，对 /xxx/ 路径的所有请求将由该 Servlet 进行处理，例如：

　　　　　　　<url-pattern>/helloServlet/*</url-pattern>

➢　　<url-pattern>*.do</url-pattern>。如果没有精确匹配和路径匹配，则对所有 .do 扩展名的请求将由该 Servlet 处理。

（2）初始化参数设置

在部署 Servlet 时，可以将一些固定的数据以初始化参数的形式进行设置，然后在 Servlet 中进行读取，从而减少代码编写工作量。初始化参数的设置方法如示例 3 所示。

⊃ 示例 3

以初始化参数方式设置默认的字符编码为 UTF-8。

分析：

1）设置初始化参数，需要在配置文件中进行参数设置，以便初始化时在 Servlet 中进行参数读取。

2）配置文件设置完毕后，在 Servlet 中读取初始化参数。

关键代码：

配置文件设置代码：

```
<servlet>
    <servlet-name>myServlet</servlet-name>
    <servlet-class>demo.web.servlet.MyServlet</servlet-class>
    <init-param>
        <param-name>charSetContent</param-name>
        <param-value>utf-8</param-value>
    </init-param>
</servlet>
```

读取初始化参数代码：

```
public class MyServlet extends HttpServlet {
 ……

    public void init(ServletConfig config) throws ServletException {
        System.out.println("Servlet 初始化 ");
        String initParam=config.getInitParameter("charSetContent");
        System.out.println(initParam);
    }
}
```

在示例 3 中，关于初始化设置的说明如下：

➢　　<init-param> 元素表示初始化参数部分。

➢　　<param-name> 元素表示初始化参数的名称。

➢　　<param-value> 元素表示初始化参数的值。

> 注意：
>
> 初始化参数一定要在所属的 Servlet 内进行设置。

（3）Servlet 的运行

Servlet 的运行比较简单，只需要通过 URL 就可以实现访问。需要注意的是，Servlet 的访问名称必须与在 web.xml 文件中设置的 URL 映射名称一致。

在浏览器中输入地址：http://localhost:8080/ServletDemo/myServlet，此时，将会调用部署好的 Servlet 并且在控制台输出相应的信息，如图 11.5 所示。

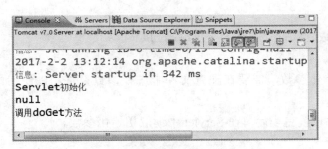

图 11.5　运行 Servlet

至此，通过 Servlet 生命周期的演示，已经掌握了如何创建 Servlet，部署和运行 Servlet。在实际的应用程序中，Servlet 通常都会执行控制器的功能，而 JSP 也仅仅是用于内容展示。

11.1.3　使用 Servlet 实现新闻增加

1．Servlet 实现新闻增加的思路分析

新闻增加功能在之前的学习过程中已经实现了，这里只是改用 Servlet 来实现业务逻辑控制。其实现思路如下。

1）编写新闻增加业务控制的 Servlet。

2）在 Servlet 中获取数据，并调用 Service 中实现新闻添加的方法。

3）根据新闻增加的结果，选择响应方式。

4）修改表单的 action 属性为 Servlet 名称。

2．数据的获取与响应

（1）ServletRequest 接口与 HttpServletRequest 接口

当客户请求时，由 Servlet 容器创建 ServletRequest 对象（用于封装客户的请求信息），这个对象将被容器作为 service() 方法的参数之一传递给 Servlet，Servlet 能够利用 ServletRequest 对象获取客户端的请求数据。ServletRequest 接口的常用方法如表 11-2 所示。

表 11-2　ServletRequest 接口的常用方法

方　　法	说　　明
Object getAttribute(String name)	获取名称为 name 的属性值
void setAttribute(String name, Object object)	在请求中保存名称为 name 的属性
void removeAttribute(String name)	清除请求中名称为 name 的属性
String getParameter()	获取表单请求中传递的参数

HttpServletRequest 位于 javax.servlet.http 包中，继承自 ServletRequest 接口。其主要作用是读取用户请求中的数据。HttpServletRequest 接口除继承了 ServletRequest 接口中的方法外，还增加了一些用于读取请求信息的方法，如表 11-3 所示。

表 11-3　HttpServletRequest 接口的自有方法

方　　法	说　　明
String getContextPath()	返回请求 URI 中表示请求上下文的路径，上下文路径是请求 URI 的开始部分
Cookie[] getCookies()	返回客户端在此次请求中发送的所有 Cookie 对象
HttpSession getSession()	返回和此次请求相关联的 Session，如果没有给客户端分配 Session，则创建一个新的 Session
String getMethod()	返回此次请求所使用的 HTTP 方法的名字，如 GET、POST

（2）ServletResponse 接口与 HttpServletResponse 接口

Servlet 容器在接收客户请求时，除了创建 ServletRequest 对象用于封装客户的请求信息外，还创建了一个 ServletResponse 对象，用来封装响应数据，并且同时将这两个对象一并作为参数传递给 Servlet。Servlet 利用 ServletRequest 对象获取客户端的请求数据，经过处理后由 ServletResponse 对象发送响应数据。ServletResponse 接口的常用方法如表 11-4 所示。

表 11-4　ServletResponse 接口的常用方法

方　　法	说　　明
PrintWriter getWriter()	返回 PrintWrite 对象，用于向客户端发送文本
String getCharacterEncoding()	返回在响应中发送的正文所使用的字符编码
void setCharacterEncoding()	设置发送到客户端的响应的字符编码
void setContentType(String type)	设置发送到客户端的响应的内容类型，此时响应的状态尚未提交

与 HttpServletRequest 接口类似，HttpServletResponse 接口也继承自 ServletResponse 接口，用于对客户端的请求执行响应。它除了具有 ServletResponse 接口的常用方法外，还增加了新的方法，如表 11-5 所示。

表 11-5　HttpServletResponse 接口的自有方法

方　法	说　明
void addCookie(Cookie cookie)	增加一个 Cookie 到响应中，这个方法可多次调用，设置多个 Cookie
void addHeader(String name,String value)	将一个名称为 name、值为 value 的响应报头添加到响应中
void sendRedirect(String location)	发送一个临时的重定向响应到客户端，以便客户端访问新的 URL，抛出一个 IOException
void encodeURL(String url)	使用 Session ID 对用于重定向的 URL 进行编码，以便用于 sendRedirect() 方法中

3. 表单 action 属性设置

使用 Servlet 控制新闻信息增加，除了要编写 Servlet 代码，还要对 JSP 表单进行修改，实现表单提交时调用 Servlet。

修改表单的 action 属性，设置如下：

action="<%=request.getContextPath() %>/AddNewsServlet"

➢　<%=request.getContextPath() %>：获取页面上下文环境。

➢　/AddNewsServlet：对应 web.xml 文件中 <url-pattern> 元素的内容。

4. 新闻增加功能的实现

由于新闻增加功能在之前已经完成，在这里不再描述。

通过亲自编码实现新闻增加的功能，可以帮助大家更好地理解和掌握如何使用 Servlet 实现业务控制。

任务 2　使用过滤器解决乱码显示

关键步骤如下：

➢　建立实现 Filter 接口的类。

➢　编写实现过滤的方法。

➢　在 web.xml 文件中配置过滤器。

11.2.1　过滤器概述

在之前的 JSP 中，为了解决乱码的显示，都是采用对页面进行重新编码的方式。当一个 Web 项目中有很多页面都需要进行显示控制时，使用过滤器则可以极大地提高控制效果，同时也降低了开发成本，提高了工作效率。

1．过滤器简介

（1）过滤器

过滤器是向 Web 应用程序的请求和响应添加过滤功能的组件。它可以在原始数据与目标之间进行过滤，就像一个水处理装置，可以将水源中的杂质、污垢过滤掉，输出符合要求的净水。

对于 Web 应用程序而言，过滤器能够实现对客户端与目标资源之间交互信息的筛选和过滤，最终保留有效的数据信息。其运行原理如图 11.6 所示。

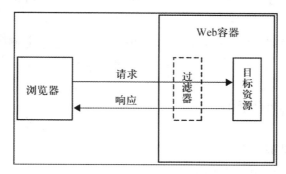

图 11.6　过滤器的工作原理

过滤器的工作原理，包括以下几个步骤。

1）用户访问 Web 资源的时候，发送的请求会先经过过滤器。

2）由过滤器对请求数据进行过滤处理。

3）经过过滤的请求数据被发送至目标资源进行处理。

4）目标资源处理后的响应被发送到过滤器。

5）经过过滤器的过滤后，将响应返回客户端。

（2）过滤器链

在 Web 应用中还可以部署多个过滤器，每一个过滤器具有特定的操作和功能，这些过滤器组合在一起成为过滤器链。在请求资源时，过滤器链中的过滤器将会一次对请求进行处理，并逐一将请求向下传递，直到最终的 Web 资源。同理，在返回响应时，也会通过过滤器链逐一进行处理，并最终返回客户端。

如果在 Web 应用中存在过滤器链，那么配置文件中也会存在相应的多个配置。在执行时，按照配置文件中过滤器的顺序，逐一进行过滤。

（3）过滤器的应用场合

在实际应用开发中，过滤器主要用于：

➢　对请求和响应进行统一处理。

➢　对请求进行日志记录和审核。

➢　对数据进行屏蔽和替换。

➢　对数据进行加密和解密。

2. 过滤器的生命周期

与 Servlet 一样，过滤器的工作也存在生命周期，也包含相应的方法。

1）实例化。访问 Web 资源之前，Web 容器负责创建过滤器的实例来完成过滤器的实例化的工作，并且实例化操作仅需做一次。

2）初始化。在进行过滤工作前会调用 init() 方法来实现初始化操作。注意，初始化操作也仅执行一次。

3）执行过滤。执行过滤操作，就是调用 doFilter() 方法来实现过滤器的特定功能，可以对请求和响应分别进行处理。在过滤器的有效期内，doFilter() 方法可以被反复地调用。

4）销毁。与 Servlet 相同，销毁过滤器也需要由 Web 容器调用 destroy() 方法，通过调用 destroy() 方法实现将过滤器所占用的资源进行释放。

11.2.2 过滤器的应用

1. 使用过滤器的步骤

过滤器的开发主要包括 4 个步骤。

1）创建实现 Filter 接口的类。

2）在 doFilter() 中编写实现过滤的方法。

3）调用下一个过滤器或者 Web 资源。

4）在 web.xml 文件中配置过滤器。

2. Filter 接口

实现过滤器的过程与实现 Servlet 有些类似。在开发过滤器时，需要实现 Filter 接口，这个接口存在于 javax.servlet 包下。

Filter 接口提供了一个不带参数的构造方法，除此之外还定义了 3 个方法，如表 11-6 所示。

表 11-6 Filter 接口的方法

方　法	说　明
void init(FilterConfig filterConfig)	Web 容器调用该方法实现过滤器的初始化
void doFilter(ServletRequest request, Servlet-Response response, FilterChain chain)	当客户端请求资源时，Web 容器会调用与资源对应的过滤器的 doFilter() 方法。在该方法中，可以对请求和响应进行处理，实现过滤器的功能
void destroy()	Web 容器调用该方法，造成过滤器失效

 提示：

　　Filter 接口没有相应的实现类进行继承，所以在编写过滤器时，必须实现 Filter 接口。

➲ 示例 4

编写过滤器，实现字符编码的设置。

分析：

过滤器在实际的开发过程中，以类的形式存在，同时还必须实现 Filter 接口，然后在 doFilter() 方法内编写设置字符编码的语句。

关键代码：

```
public class CharacterEncodingFilter implements Filter {
    ……
    public void doFilter(ServletRequest request, ServletResponse response, FilterChain chain) throws
IOException, ServletException {
        // 设置请求时的编码方式
        request.setCharacterEncoding("UTF-8");
        // 调用 Web 资源，也可以调用其他过滤器
        chain.doFilter(request, response);
        // 设置响应时的编码方式
        response.setCharacterEncoding("UTF-8");
    }
    ……
}
```

3．过滤器的配置

为了实现过滤功能，需要对 Web 应用中的 web.xml 文件进行配置，配置的方式与 Servlet 也非常类似。配置的过程包括以下两步。

（1）在 web.xml 文件中添加 <filter> 元素，用于设置过滤器的名称，以及过滤器的完全限定名。

（2）添加 <filter-mapping> 元素，其中 <filter-name> 元素必须与 <filter> 元素中的设置相同。<url-pattern> 元素则表示过滤器映射的 Web 资源。

与 Servlet 中的配置类似，在 web.xml 中常用的 <url-pattern> 设置方法有以下 4 种形式：

➤ 精确匹配：<url-pattern>/xxx</url-pattern>。
➤ 目录匹配：<url-pattern> /admin/*</url-pattern>。
➤ 扩展名匹配：<url-pattern>*.do</url-pattern>。
➤ 全部匹配：<url-pattern>/*</url-pattern>。

在匹配的时候会首先查找精确匹配，如果找不到，再找目录匹配，然后是扩展名匹配，最后是全部匹配。配置过滤器的代码如示例 5 所示。

➲ 示例 5

在配置文件中进行过滤器设置。

分析：

过滤器需要在 web.xml 文件中进行配置，配置完毕后，系统就会自动调用相应的过滤器执行过滤功能。

关键代码：

```
<filter>
    <display-name>CharacterEncodingFilter</display-name>
    <filter-name>CharacterEncodingFilter</filter-name>
    <filter-class>com.kgc.news.web.filter.CharacterEncodingFilter</filter-class>
</filter>
<filter-mapping>
    <filter-name>CharacterEncodingFilter</filter-name>
    <url-pattern>/*</url-pattern>
</filter-mapping>
```

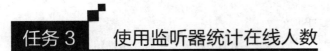

任务 3 使用监听器统计在线人数

关键步骤如下：

➢ 实现 HttpSessionBindingListener 接口。

➢ 在 valueBound() 和 valueUnbound() 方法中实现用户数量的统计。

➢ 在 web.xml 文件中配置监听器。

11.3.1 监听器概述

1．Servlet 监听器

监听器是 Web 应用程序事件模型的一部分，当 Web 应用中的某些状态发生改变时，会产生相应的事件。监听器可以接收这些事件，并可以在事件发生时做相关处理。

使用 Servlet 监听器，可以实现对事件的监听。在 Servlet API 中总共定义了 8 个监听器接口，可以用于监听 ServletContext、HttpSession 和 ServletRequest 对象的生命周期，以及这些对象的属性引发的事件。这 8 个监听器接口如表 11-7 所示。

表 11-7　监听器接口介绍

监听器接口	说　明
javax.servlet.ServletContextListener	实现该接口，可以在 Servlet 上下文对象初始化或者销毁时得到通知
javax.servlet.ServletContextAttributeListener	实现该接口，可以在 Servlet 上下文中的属性列表发生变化时得到通知
javax.servlet.http.HttpSessionListener	实现该接口，可以在 Session 创建后或者失效前得到通知
javax.servlet.http.HttpSessionActivationListener	实现该接口的对象，如果绑定到 Session 中，当 Session 被钝化或者激活时，Servlet 容器将通知该对象

续表

监听器接口	说　明
javax.servlet.http.HttpSessionAttributeListener	实现该接口，可以在 Session 中的属性列表发生变化时得到通知
javax.servlet.http.HttpSessionBindingListener	实现该接口，可以使一个对象在绑定 Session 或者从 Session 中删除时得到通知
javax.servlet.ServletRequest	实现该接口，可以在请求对象初始化时或者被销毁时得到通知
javax.servlet.ServletRequestAttributeListener	实现该接口，可以在请求对象中的属性发生变化时得到通知

2．HttpSessionBindingListener 接口

如果一个对象实现了 HttpSessionBindingListener 接口，当这个对象被添加到 Session 或者从 Session 中被删除时，Servlet 容器都能够进行识别并发出相应的信息，在对象接收到信息后，就可以进行一系列的操作。HttpSessionBindingListener 接口提供的方法如表 11-8 所示。

表 11-8　HttpSessionBindingListener 接口方法

方　法	说　明
Void valueBound(HttpSessionBindingEvent event)	当对象被添加到 Session 时，由容器调用该方法来通知对象
Void valueUnbound(HttpSessionBindingEvent event)	当对象从 Session 中删除时，由容器调用该方法来通知对象

11.3.2　使用监听器统计在线人数

使用监听器来统计在线人数的实现步骤如下。

1）创建用户类实现 HttpSessionBindingListener 接口。

关键代码：

```
public class UserListener implements HttpSessionBindingListener {
    ……
}
```

2）在 valueBound() 和 valueUnbound() 方法中实现用户数量的统计。

关键代码：

```
public class UserListener implements HttpSessionBindingListener {

    public void valueBound(HttpSessionBindingEvent arg0) {
        Constants.ONLINE_USER_COUNT ++;
    }
    public void valueUnbound(HttpSessionBindingEvent arg0) {
```

```
        Constants.ONLINE_USER_COUNT --;
    }
}
```

3）在 web.xml 中进行监听器配置。

监听器开发完毕后，同样需要在 web.xml 文件中进行配置。配置方法很简单，只需要在配置文件中添加 <listener> 元素，并在 <listener-class> 元素中指定监听器所属类的完全限定名即可。

```
<listener>
    <listener-class>com.kgc.news.entity.UserListener</listener-class>
</listener>
```

> **补充知识：**
>
> ### ServletContextListener 接口
>
> Servlet 监听器可以实现对应用程序的监控，尤其是希望在某一个事件发生时能够及时得到通知，以便执行相应操作的时候。对于监听器，Servlet 提供不同类型的接口，其中 ServletContextListener 接口用于对 Web 应用程序进行监控，随时对 Servlet 上下文的变化作出响应。下一节则补充讲解 ServletContextListener 接口。

11.3.3　ServletContextListener 接口

ServletContextListener 接口的作用是在 Servlet 上下文对象初始化或者销毁时发送通知，如果希望在 Web 应用程序启动时执行一系列初始化操作任务，就可以通过实现 ServletContextListener 接口的方法来完成。ServletContextListener 接口的方法如表 11-9 所示。

表 11-9　ServletContextListener 接口的方法

方　　法	说　　明
void contextInitialized(ServletContextEvent arg)	在 Web 应用程序初始化开始时，由 Web 容器调用
void contextDestory(ServletContextEvent arg)	当 Servlet 上下文将要关闭时，由 Web 容器调用

特别需要指出的是，Web 容器通过 ServletContextEvent 对象来通知 ServletContext-Listener 接口进行监听。通过 ServletContextEvent 对象的方法可以获取 Servlet 上下文。

获取上下文的语法：

```
public ServletContext getServletContext();
```

⊃ 示例 6

在新闻系统服务启动时，加载 DataSource 对象，获取数据库连接。

实现步骤：

在应用程序启动时，实现加载 DataSource 对象包括以下步骤。

1）编写监听器，实现使用 JNDI 查找数据源。

2）将查找到的数据源保存在 ServletContext 上下文中。

3）编写一个 Servlet，读取上下文，并从中查找数据源。

4）在 web.xml 文件中配置监听器及 Servlet。

关键代码：

监听器的关键代码：

```java
public class DataSourceListener implements ServletContextListener {
    public void contextInitialized(ServletContextEvent evn) {
        ServletContext sc=evn.getServletContext();
        try {
            // 初始化上下文
            Context cxt=new InitialContext();
            // 获取与逻辑名相关联的数据源对象
            DataSource ds=(DataSource)cxt.lookup("java:comp/env/jdbc/news");
            // 将 DataSource 保存到 ServletContext 上下文中
            sc.setAttribute("DS", ds);
        } catch (NamingException e) {
            e.printStackTrace();
        }
    }
}
```

Servlet 的关键代码：

```java
public class DataSourceServlet extends HttpServlet {
    protected void doGet(HttpServletRequest request, HttpServletResponse response) throws
ServletException, IOException {
        doPost(request,response);
    }
    protected void doPost(HttpServletRequest request, HttpServletResponse response) throws
ServletException, IOException {
        // 从 ServletContext 上下文中读取 DataSource 对象
        DataSource ds=(DataSource)getServletContext().getAttribute("DS");
        System.out.print(ds);
    }
}
```

监听器及 Servlet 配置的关键代码：

```xml
<listener>
    <listener-class>com.kgc.news.entity.DataSourceListener</listener-class>
</listener>
<servlet>
    <description></description>
    <display-name>DataSourceServlet</display-name>
    <servlet-name>DataSourceServlet</servlet-name>
    <servlet-class>com.kgc.news.web.servlet.DataSourceServlet</servlet-class>
```

```
</servlet>
<servlet-mapping>
  <servlet-name>DataSourceServlet</servlet-name>
  <url-pattern>/DataSourceServlet</url-pattern>
</servlet-mapping>
```
运行效果如图 11.7 所示。

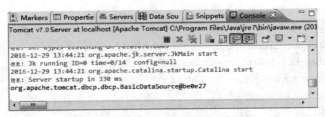

图 11.7　通过监听器获取数据库连接

 本章总结

本章学习了以下知识点：

➢ Servlet 是一个运行在服务器端的 Java 程序，可以用来接收和处理用户请求，并作出响应。

➢ javax.servlet 中包含的类和接口支持通用的、不依赖协议的 Servlet，javax.servlet.http 中的类和接口用于支持 HTTP 协议的 Servlet API。

➢ Servlet 的生命周期包括：
  ◆ 加载和实例化
  ◆ 初始化
  ◆ 服务
  ◆ 销毁

➢ 容器根据在 URL 中访问的 Servlet，在 web.xml 文件中进行查找（查找方式：<servlet-mapping> 中 <url-pattern> → <servlet-name> → <servlet> 中 <servlet-name> → <servlet-class>），并调用该 Servlet 以处理用户的请求。

➢ Filter 接口是过滤器开发必须实现的接口，该接口提供了 3 种方法：
  ◆ init()：Web 容器初始化过滤器。
  ◆ doFilter()：实现过滤行为。
  ◆ destroy()：由 Web 容器调用，销毁过滤器。

➢ Servlet 监听器能够实现 ServletContext、HttpSession 和 ServletRequest 对象的监听，并提供了总共 8 种类型的监听器。

➢ HttpSessionBindingListener 监听器的作用是，当某个与之绑定的对象被 Session 添加或删除时，由 Servlet 容器识别并向该对象发送信息。

本章练习

1. 请描述什么是 Servlet，并解释 Servlet 的生命周期。

2. 请描述在 web.xml 文件中配置 Servlet 的实现过程，以及注意事项。

3. 请描述配置过滤器时可以有几种方式设置 <url-pattern> 元素。

4. 编写代码实现高尔夫俱乐部会员注册及会员展示，要求使用过滤器解决页面的乱码显示。

5. 在作业 4 的基础上升级功能，使用 Servlet 监听器实现当高尔夫俱乐部会员登录成功后，显示同时在线的会员数量。

说明：作业 4、5 对显示格式不做明确要求，重点实现功能。

随手笔记

第12章

综合练习——网上书城

本章重点：

※ 实现网上书城的图书订购

本章目标：

※ 使用 JSP 制作动态网页
※ 使用 Servlet 实现业务控制
※ 使用 JDBC 访问数据库

本章任务

学习本章，完成 1 个工作任务。记录学习过程中遇到的问题，可以通过自己的努力或访问 kgc.cn 解决。

任务：完成"网上书城"综合练习

任务　完成"网上书城"综合练习

网上书城项目综合运用了 JSP 的基本语法、JSP 输出显示、使用 JSP 访问数据库、Servlet 控制业务等相关技能知识。通过完成练习项目，积累开发经验，尤其是分析问题、解决问题的能力，将开发过程中遇到的问题进行整理和总结，以进一步提高个人对业务的理解能力和代码编写能力。

12.1.1　项目需求

网上书城是一个在线平台，用户可以在线浏览上架图书。注册成为网上书城的会员后，将图书添加到购物车中，然后通过提交订单的方式实现图书的购买。网上书城重点实现用户浏览及购物的功能，业务流程如图 12.1 所示。

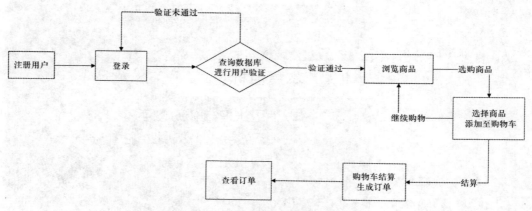

图 12.1　网上书城业务流程

根据图 12.1 显示的业务流程，网上书城应具备如下功能。

（1）用户登录。对于用户登录功能，要求当用户登录成功后，在导航栏中要显示欢迎用户登录的欢迎语。效果如图 12.2 所示。

（2）用户注册。在网上书城中，用户名都是唯一的，不能重复。因此，在新用户注册时，首先要对填写的用户名与数据库进行比对，

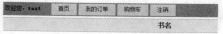

图 12.2　用户登录后的欢迎语

检查用户名是否可用。只有当数据库中没有重复时，才能进行新用户的保存。一旦用户名检查没有通过，要给出友好信息提示用户，如图 12.3 所示。

欢迎注册北大青鸟网上书城
1.填写注册信息
2.注册成功
用户名：
用户名不能为空!
密　码：
密码不能为空!
确认密码：
确认密码不能为空!
Email地址：
邮箱不能为空!
提交注册

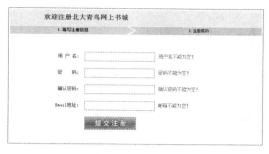

图 12.3　用户注册

（3）图书浏览。图书浏览的功能并不复杂，对于图书信息的展示要求采用分页方式实现。

（4）选购图书。用户在选购图书后，可将图书添加到购物车中。在购物车中，用户可以执行以下几种操作：

- 直接提交购物车进行结算。
- 返回网上书城继续购物。
- 对购物车内的商品数量进行修改。

购物车的效果如图 12.4 所示。

欢迎您：smallfish
首页
我的订单
购物车
注销
搜索：
搜索
图片预览
书名
数量
价格
操作
"泰戈尔诗集"
1
￥18
移除
总价：￥18元
立刻购买

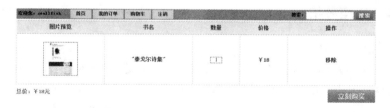

图 12.4　添加购物车

（5）确认订单。用户提交购物车后，会首先进行订单确认，一旦用户确认完毕就会生成订单。用户可以通过导航栏菜单查看以往的订单记录。查看订单效果如图 12.5 所示。

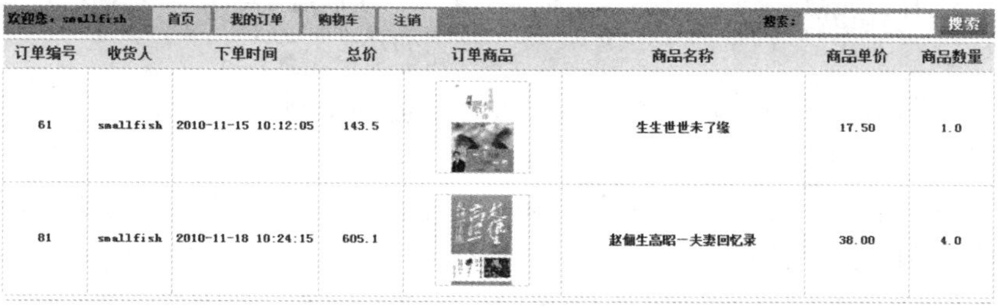

欢迎您：smallfish
首页
我的订单
购物车
注销
搜索：
搜索
订单编号
收货人
下单时间
总价
订单商品
商品名称
商品单价
商品数量
61
smallfish
2010-11-15 10:12:05
143.5
生生世世未了缘
17.50
1.0
81
smallfish
2010-11-18 10:24:15
605.1
赵衡生高昭一夫妻回忆录
38.00
4.0

图 12.5　查看订单

12.1.2　项目环境准备

完成"网上书城",对于开发环境的要求如下:

➢　开发工具:MyEclipse。

➢　Web 服务器:Tomcat 7.X。

➢　数据库:MySQL。

➢　JDK 1.7。

12.1.3　项目覆盖的技能点

(1)使用面向对象编程实现功能开发。

➢　能够准确定义类和对象。

➢　会使用接口,并能够通过实现类来实现接口的具体功能。

(2)使用分层思想进行程序设计。按照表示层、逻辑层和数据库访问层进行程序设计。

(3)使用 Servlet 实现业务流程控制及处理页面请求和响应。

(4)使用 session 保存用户和购物车信息。

(5)使用 JDBC 实现数据库访问。

(6)使用 EL+JSTL 简化页面布局。

12.1.4　难点分析

购物车功能

同超市购物车原理一样,在本网上书城中,用户选中一本书后,在真正提交订单前可先放入购物车内。购物车可以通过 session 来实现,同时也意味着添加进来的图书也需要放进 session 中,但是由于图书量大而且图书都具有唯一标志,如果将图书直接加进 session 中来显示购物车中信息,对于购物车中图书的操作将极其不便,所以这里提供一种实现方式:将图书信息放入 List 集合中,再将集合放入 session 中。

具体的实现思路可以参考以下几点:

➢　使用 List 集合保存图书信息,首先要判断当用户添加购物车时,该用户是否在之前已经选购过该商品,并且尚未结算。所以需要先从 session 中读取信息,如果有则在原基础上进行添加,否则就创建。

➢　在读取用户选购的信息时,将对应的商品信息封装成一个图书对象,并将该对象添加到集合中。

➢　在购物车显示时,可以直接从 session 中将集合读取出来,通过遍历的方式显示选购的图书信息。

在添加购物车时,除了上述的实现思路,还需要注意一些细节,包括:

➢　在将图书添加至购物车中时,需要查看当前图书在购物车中是否已经存在,如果存在，需要修改购物车中当前图书的数量，而不是将同一商品再次列出一行来显示。在访问购物车中的图书时，需要计算各个图书的数量及总价，之后还要计算全部商品的总价格。

➢ 修改或者移除购物车中的图书时，需要对购物车结算金额做出调整，当用户提交购物车结算时，在数据库中实现相应记录的变化更新。

12.1.5　项目实现思路

1．完成项目涉及的类

（1）UserInfo：用户类，用于保存用户的基本信息，主要成员如下：

➢ 用户名（userName）：String 类型。

➢ 密码（password）：String 类型。

➢ 电子邮箱地址（email）：String 类型。

（2）Order：订单类，保存用户的订单信息，主要成员如下：

➢ 订单编号（oid）：int 类型。

➢ 用户名（userName）：String 类型。

（3）Item：订单明细类，保存订单的明细信息，主要成员如下：

➢ 明细编号（iid）：int 类型。

➢ 订单编号（oid）：int 类型。

➢ 图书编号（bid）：int 类型。

➢ 下单时间（createDate）：日期类型。

➢ 购买数量（count）：int 类型。

➢ 单价（price）：String 类型。

➢ 总价（totalPrice）：String 类型。

（4）Book：图书类，保存图书基本信息，主要成员如下：

➢ 图书编号（bid）：int 类型。

➢ 图书名称（bookName）：String 类型。

➢ 图书价格（price）：double 类型。

➢ 图片（image）：String 类型。

➢ 库存数量（stock）：int 类型。

2．项目分层使用的接口及实现

（1）业务逻辑层的接口及实现

➢ BookBiz 和 BookBizImpl：与图书操作相关的方法和方法实现。

➢ ItemBiz 和 ItemBizImpl：与订单明细相关的方法和方法实现。

➢ OrderBiz 和 OrderBizImpl：与订单相关的方法和方法实现。

➢ UserInfoBiz 和 UserInfoBizImpl：与用户相关的方法和方法实现。

（2）数据访问层的接口及实现

➤ **BookDao 和 BookDaoImpl**：与图书操作相关的方法和方法实现。

➤ **ItemDao 和 ItemDaoImpl**：与订单明细相关的方法和方法实现。

➤ **OrderDao 和 OrderDaoImpl**：与订单相关的方法和方法实现。

➤ **UserInfoDao 和 UserInfoDaoImpl**：与用户相关的方法和方法实现。

3．数据表的设计

根据业务功能创建数据库及数据库表，设置表与表之间的主外键关系。本项目案例中所涉及的表结构如表 12-1 至表 12-4 所示。

表 12-1　userInfo 表

字段名称	类　型	长　度	备　注
username	varchar	50	主键
password	varchar	50	—
email	varchar	50	—

表 12-2　orders 表

字段名称	类　型	长　度	备　注
oid	int	10	主键
username	varchar2	50	外键

表 12-3　items 表

字段名称	类　型	长　度	备　注
iid	int	10	主键
oid	int	10	外键
bid	int	10	外键
createdate	varchar	50	—
count	int	10	购买数量
price	varchar	50	单价
total_price	varchar	50	总价

表 12-4　books 表

字段名称	类　型	长　度	备　注
bid	int	10	主键
bookname	varchar	50	—
b_price	varchar	10	价格
image	varchar	100	图书图片的存放路径
stock	int	10	库存数

4．用户注册的实现思路

用户注册功能基本的实现思路总结如下。

（1）在页面中使用 JavaScript 脚本进行输入的规范性校验。

（2）提交注册信息，根据注册的用户名在数据库中进行查找。

（3）如果在数据库中没有查找到对应的数据，则执行保存。

（4）一旦用户名检查未通过，需要在浏览器页面中给出友好提示。

5．分页显示的实现思路

页面分页在之前的讲解中已经比较详细地介绍过实现方式，这里对分页的实现过程进行归纳，包括以下几点。

（1）确定每页显示的数据数量。

（2）确定需要显示的数据总数量。

（3）计算显示的页数。

（4）编写分页查询 SQL 语句。

（5）在页面实现分页设置。

6．购物车的实现思路

购物车功能是本网上书城实现中比较重要的功能模块。在实现过程中从以下几个方面来考虑。

（1）显示购物信息：在购物车页面显示商品清单的同时，还需要将这些商品信息保存到 Session 中。

（2）购物数量的修改：在购物车中，用户可以对所购商品的数量进行修改。

（3）购物金额的计算：计算用户总的购物金额，当商品数量发生变化时，金额也应随之改变。

（4）清除购物车：将购物车中的商品进行清除。

另外，在实现购物车时，需要使用 JavaScript 脚本对表单中的事件做出响应，如在修改商品数量时会触发购物金额的变化。

 **本章总结**

本章学习了以下知识点：

➢ 使用 JSP+Servlet 实现网上书城购书系统。

本章练习

独立完成"网上书城"综合练习。

随手笔记